製造工程の流れを追って解説

よくわかる 金型のできるまで

吉田 弘美・著

日刊工業新聞社

序文

　この本は初めて金型製作について学ぶ学生の皆さん、これから金型製作を勉強しようとする金型製作関係の初心者、金型製作に直接関係ないが関連業務として学びたい、という人たちのために、金型の製作工程の流れにしたがって解説したものです。

　金型は自動車の生産をはじめとする近代産業に大きな貢献をしている重要な産業ですが、一般の人の目に触れたり、その製作工程を学ぶ機会は少ないと思います。

　これまで金型に関する書籍が数多く出版されてきましたが、金型製作の専門家を対象としたものが大部分であり、それ以外の人には近寄りがたい存在でした。

　金型製作は、個人の専門知識、経験およびノウハウなどに頼るところが多く、勉強も職場の実務によって得ることが中心でしたが、コンピュータを活用した設計（CAD）、NC工作機械を中心とする加工（CAM）の進歩により、新人でも容易に金型の設計と製作ができるようになっています。

　これを機会に、金型製作が身近な存在になっていただければ幸いです。

　本書の執筆に当たり、千葉精機株式会社の末永敦、樽谷清顕の両氏にご協力を頂きました。また出版に当たり、企画段階から適切なアドバイスとご協力を頂いた日刊工業新聞社、出版局の大石龍生氏に深く感謝致します。

平成16年5月

吉田 弘美

序文		1
目次		3
金型製作全体のフローチャート		10

第1章　金型とは

1 一般的な型と金型	12
2 金型の特徴	13
3 金型の種類	18
4 金型の機能（役割）	26
5 金型の製作工程	28

第2章　金型で作られる製品

1 金型を使用した工法への転換	34
2 自動車部品 プレス金型，鍛造型，鋳造型，プラスチック成形型，ガラス用金型，ゴム用金型	34
3 電気および電子部品 プレス金型，プラスチック成形型	37
4 精密機器 プレス金型，プラスチック成形型	38
5 厨房器具 プレス金型，プラスチック成形型，ガラス型	39
6 玩具および事務用品 プレス金型，プラスチック成形型，鋳造型	40
7 鉄道車両，航空機，自転車など	41

第3章　金型を使用する生産

1 プレス金型を使用した生産	44
2 鍛造型を使用した生産	49
3 プラスチック射出成形型を使用した生産（熱可塑性プラスチック）	50
4 ダイカスト型を使用した生産	51
5 ゴム型を使用した生産	52

第4章　金型の設計

1 設計の内容と手順	54
1.1 金型設計・製図の特徴と業務内容	54
1.2 金型の仕様決定	56
1.2.1 金型を取り付ける機械の仕様に合わせる	56
1.2.2 製品の機能と品質	56
1.3 コンピュータシステムと金型の設計方法	58
1.4 金型の製図と図示法	63
1.4.1 金型製図	63
1.4.2 基準の設定と寸法の記入	63
2 アレンジ図の作成	66
3 展開図の作成	68
4 レイアウト図の作成	70
5 組立図の作成	73
5.1 組立図の構成と表現方法	73
5.1.1 金型固有の表現	73
5.1.2 金型固有の簡略画法	75
5.2 断面図の作成	78
5.3 平面図の作成	78

6 金型部品の設計　80
6.1 部品図面の必要性と内容　80
6.2 金型を構成する部品の機能　81
6.2.1 金型全体のベースになる部品　81
6.2.2 製品を直接加工, 成形する部品　81
6.2.3 製品を加工する重要な部品を組み込む部品　81
6.2.4 製品の位置を決めるための部品　81
6.2.5 金型内の製品およびスクラップを取り出すための部品　82
6.3 金型部品の機能と加工内容の指定　82
6.3.1 金型部品の機能　82
6.3.2 金型部品の部分機能　83
6.3.3 金型部品の面の機能　85
6.3.4 面を加工する最適な方法　85
6.4 金型に用いられる標準部品　87

7 加工データの作成　88

8 部品表の作成　89

9 事務処理　90
9.1 材料手配書の作成と手配　90
9.2 外部の企業へ発注する部品の購入手配書の作成　90
9.3 設計用の作業伝票の記入　90

第5章　金型部品の種類と加工

1 金型部品の種類　92
2 標準部品　94
2.1 企業分業化　94
2.2 平面の加工を済ませた部品　94
2.3 共通部分を仕上げ加工した丸もの部品　95
2.4 完成状態の部品　96
2.5 ユニット部品　96

3 金型加工用工作機械と加工内容　98
3.1 切削加工　98
- 3.1.1 マシニングセンタ　98
- 3.1.2 刃物とホルダ　100
- 3.1.3 NCフライス盤および倣いフライス盤　104
- 3.1.4 ジグ中ぐり盤（ジグボーラ）　104
- 3.1.5 旋盤（普通旋盤およびNC旋盤）　104
- 3.1.6 汎用フライス盤、ボール盤、その他　104

3.2 研削加工　105
- 3.2.1 平面研削盤　105
- 3.2.2 成形研削盤　106
- 3.2.3 ジグ研削盤（ジググラインダ）　107

3.3 放電加工　108
- 3.3.1 形彫り放電加工機　108
- 3.3.2 ワイヤカット放電加工機　109

4 主な部品の加工手順と加工方法　110
4.1 プレート類の加工手順とその内容　110
4.2 異形の小物ブロック状部品の加工手順とその内容　113
4.3 丸もの部品　115
4.4 大物異形部品　116
4.5 その他の加工　118

第6章　金型の仕上げおよび組立作業

1 仕上げおよび組立作業について　120
2 部品の確認　123
3 仕上げ作業　124
4 みがき　126
4.1 みがきの目的と効果　126
4.2 面粗さの区分とみがき工具　128
4.3 みがき作業の工程設定　128

4.4 みがく場所および形状　129

5 金型の組立　130

5.1 組立に必要な設備　130

5.2 組立に必要な工具　133
　5.2.1 金型および部品を保持する工具　133
　5.2.2 組付け工具　134
　5.2.3 仕上加工および修理用工具　134
　5.2.4 測定工具　135
　5.2.5 その他の工具　136

5.3 金型の組立に必要な要素作業　136
　5.3.1 工具の持ち方　136
　5.3.2 基本作業　138

5.4 組込工程と作業　140
　5.4.1 工程順序と実際の作業　140
　5.4.2 ガイドポストとブシュの組込み　141
　5.4.3 入れ子（インサート部品）の組込み　142
　5.4.4 パンチその他の組込み　142
　5.4.5 プレートの組込み　142
　5.4.6 全体の確認と調整　143
　5.4.7 金型の確認　144

第7章　試し加工と不具合の是正

1 試し加工の目的と内容　146

2 機械への取付け　147

2.1 機械の選定　147

2.2 機械および装置の点検　148

2.3 金型の取付け　149

2.4 加工条件の設定　150

3 試し加工　150

3.1 材料の準備と確認　150

3.2 加工作業　151

3.3 製品の品質確認　151

	3.4 金型の評価	152
	3.5 後始末	153
	3.6 標準書の作成	153
	4 不具合の原因と是正	154

第8章　プレス金型の製作事例

1 製品と金型製作上の検討事項	156
2 製品と金型の事例	157
3 アレンジ図の作成	160
4 展開図の作成	161
5 ストリップレイアウト図	162
6 組立図	163
7 代表的な部品図	166
8 部品表	168

第9章　金型用材料

1 材料の選択	172
2 金型材料の種類、特徴および用途	173
3 熱処理と表面硬化処理	175
3.1 焼入れ、焼戻し	175
3.2 表面硬化処理	176

参考文献	177
索　引	178

金型製作全体のフローチャート

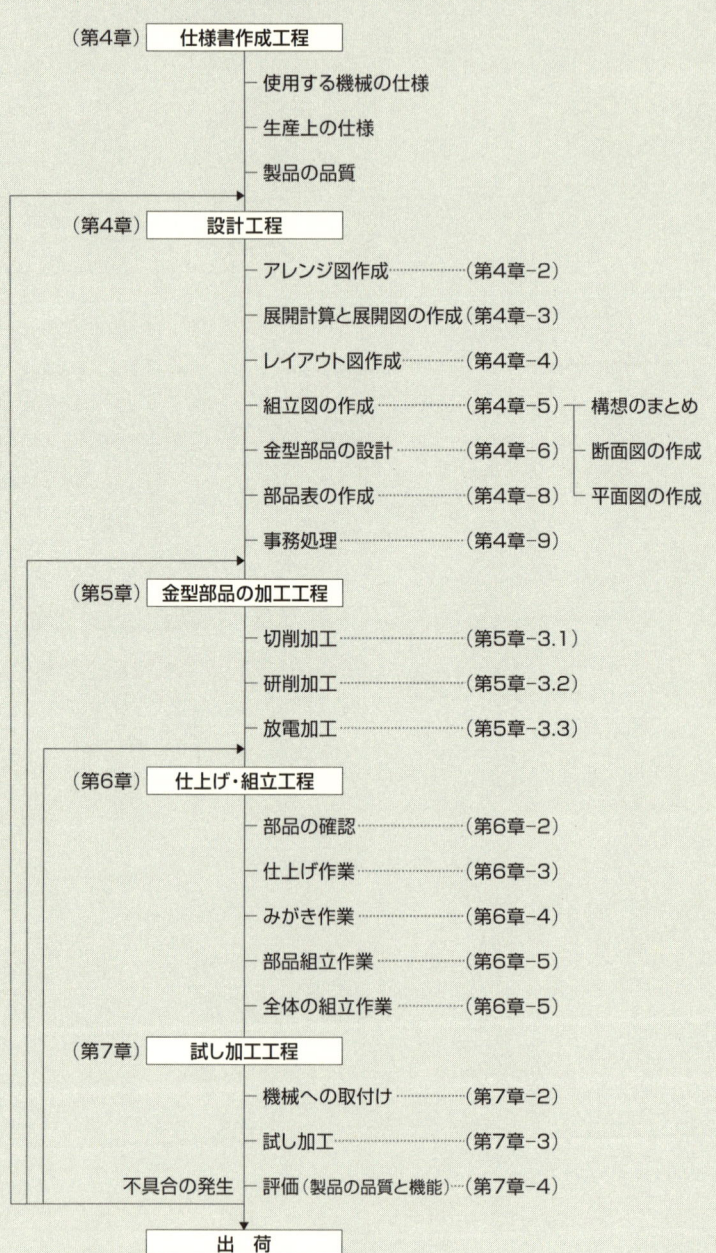

第 1 章

金型とは

1 一般的な型と金型

　金型は、金属、プラスチック、ガラス、ゴムその他の材料を使用した工業製品を数多く成形するのに用いられ、製品に合わせて作る専用の特殊な工具です。金型は製品毎に作る特殊な工具だと考えると、検査ジグ、溶接ジグ、組立ジグなどの仲間だと考えることができます。

　製作工程を見ても設計から完成まで、金型と上記のジグは非常によく似ており、企業でも同じ部門が一緒に製作している例が多くあります。日本では金型を作っている企業の団体として金型工業会があり、機械および工業関係の統計などでは独自に集計されていますが、ヨーロッパでは金型を特殊工具の一部として扱っている例が多くあります。

　一般的に「型」は成形しようとする物（材料）よりも強い（硬い）材料で形状を作り、その形を相手に写す（転写する）ものです。「型」の歴史は古く、古代の印章は石や玉によって作られ、これを粘土などに転写していました。また銅製の鏡、銅鐸などは砂型で作られており、硬貨も砂を利用した型による鋳造でした。型の材質にはこの他、紙（染め物、機織り、その他用）、木（人形、だるまの製作用など）があります（**図1.1**）が、金型は名前のように金属、それも主として特殊鋼で作ります。近代工業に使われる金型は、主として金属、プラスチック、ガラスおよびゴムなどの材料を高精度・高品質で、安く多量生産する場合に用いられます。

図1.1
だるまさんを作るのにも型が使われている

金型の特徴

2.1 金型とそれを使った生産の特徴

金型を使用した部品の生産は、他の加工法に比べて次のような特徴があります。

[長所]
① 高精度で均一な製品を多量に作れる

金型は耐摩耗性が高く、製品の形状および寸法精度などの大部分が金型で決まります。高精度な金型を作れば、高精度な製品を簡単にしかも多量に作ることができます（**図1.2**）。

図1.2　金型が1つあれば多量に同じ製品ができる
（数百万個またはそれ以上の生産も可能）

② 製品の加工時間が早い

　切削などと異なり、そのつど製品の形状を作るための作業が必要でなく、一気に複雑な形状ができます（**図1.3**）。プレス加工では1分間に1,000個以上加工できるものもあります。

〈型による成形加工〉

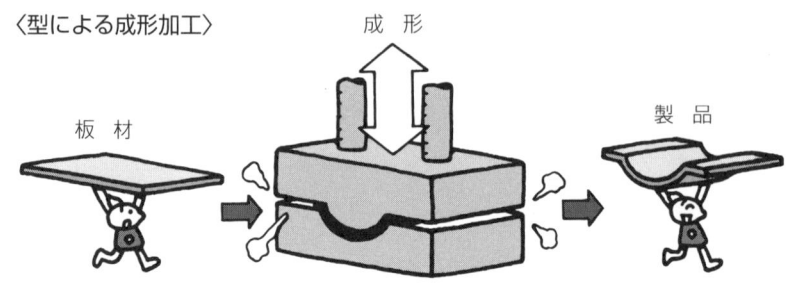

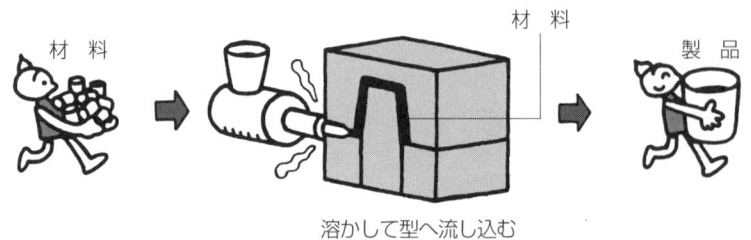

〈切削加工による形状加工〉

図1.3　型による成形加工と切削加工の違い

③ 多量生産の場合は加工費が安い

　形状に関係なく、一度に複雑な形状の成形ができ、加工時間は早くしかも安定しています。冷却などに時間のかかる場合も、1つの金型で同時に多数の製品を成形することができます。このため、加工費は金型を使わない他の加工法に比べて圧倒的に安くできます。

④ 製品の加工に熟練を必要としない

　複雑な形状のものも、素材を入れるだけでよく、後は金型どおりに成形されます。このため、作業者の熟練度などに左右されず、人が変わっても安定した製品を多量に作れます。

⑤ 自動化が容易で設備も簡単

　金型を利用した生産の自動化は、材料の挿入と製品およびスクラップの排出のみでよく、装置の動きが単純で速度が速く、装置も比較的安く、導入も容易です。

［欠点］

① 金型を作る費用と時間が必要

　製品を作る前に金型を作る必要があり、そのための初期投資（金型製作費）と製作のための時間（納期）が必要です。このため、少量生産になるほど金型の償却費が大きくなり、不利になります。

② 金型製作のための技術が必要

　製品を生産する技術の中で金型製作の比重が非常に高くなります。「製品を生産する技術の80％以上は金型製作にある」といわれるほど金型を作るための技術が重要です。

　このように長所が多いため、多量生産される自動車、電気製品およびカメラその他の精密機器で、金型を使用していない部品を探すのは困難なほどであり、これらの製品の進歩と発展は金型製作技術が支えているといってもよいほどです。

　日本の金型は品質（高精度、高機能）および製作期間（納期）などで世界のトップレベルにあり、自動車をはじめとする産業を支え、その進歩と発展に貢献しています。

2.2
金型製作の特徴

　金型の製作を自動車その他の工業製品と比べると、次のような特徴があります。

① 受注生産品
　　金型は製品（部品）および加工工程毎にその都度専用に作るため、受注後に製作を始めます。このため、前もって作っておいたり、在庫を持つこともできません。また必要とする企業以外ではまったく価値がありません。
② １つのみ作る
　　例外を除き同じ金型を２つ以上作ることはありません。このため設計および製作に必要な費用はすべて１つの金型に含まれます。
③ 納期が短い
　　金型は製品を作る前に必要であり、金型がないと製品は作れません。このため開発から販売までの期間を短くするため、金型製作期間の短縮は非常に重要です。
④ 金型を製作する企業は中小企業が多い
　　世界的に見ても金型メーカーは30人以下の中小企業が圧倒的に多く、日本でも同様です。これは多量生産および計画生産ができず、規模の拡大が競争力に繋がりにくいためと思われます。
⑤ 経験と熟練を必要とする部分が多い
　　金型製作者はいろいろなことができる多能工であり、その都度内容の異なる金型の製作には多くの専門知識、経験および熟練を必要とし、トライ（試し加工）調整および修正などにも様々な技能が必要でした。しかし現在はCAD/CAMなどの普及と高精度なNC工作機械の進歩により、その必要性は低下しています。
⑥ 不確定要素を含んだ状態での製作が多い
　　過去に実績のない製品および加工内容の場合、１つの金型を作るために実験をしたり、試作品を作って確認をすることができず、不確定要素を含んだまま生産する場合が多くあります。

また、金型と製品は厳密な意味で同じではなく、僅かに変えておく必要があります。このため、試し加工後の調整および修正が多くなっています。
⑦　仕事量の変動が多い
　モデルチェンジ、新製品の販売などのときに受注が集中し、そうでないときは減少しやすく、景気の変動の影響も大きいといえます。
　このように近代工業に欠かせない重要な金型ですが、社会的な認知度は低く、一般の人に知られることが少なく、目にする機会も非常に少ないと思います。これは自動車および電気製品などの商品と異なり、金型は一般の人が店で購入するのではなく、製品を作る工場の中で作られ、使われているためです。
　金型を製作して他社に販売をする場合も、発注側の企業の特別な注文に応じて他の企業（金型メーカー）が製作し、発注した企業に直接納入する企業間取引のため、一般の店で販売されることはありません（**図1.4**）。

図1．4　金型は店を通さず、直接企業間で取り引きされる

3 金型の種類

3.1 ダイ

金型はダイ（Die）とモールド（Mould）に大きく分けられます（**表1.1**）。日本では両方とも金型と呼んでいますが、金型の用途、機能、構造、製品の加工方法と加工内容などは大きく異なるので、区別すると理解しやすいでしょう。

ダイは、主として次の種類があります。

表1.1 金型の種類と分類

金型	ダイ(Die)グループ	プレス金型（薄板加工用）
		鍛造型（熱間、温間、冷間）
		板金機械用金型（切断、曲げ、その他）
		専用機用金型（板材加工用、各種専用機用）
		金属以外のシート材用抜き型（紙、皮その他）
	モールド(Mould)グループ	プラスチック用射出成形型
		プラスチック用圧縮成形型
		ダイカスト型（低融合金の鋳造用）
		ガラス（成形）型
		ゴム（成形）型
		粉末成形（粉末冶金）型
		MIM（金属射出成形）用金型

① 薄板の金属プレス型

自動車のボディ、電気製品の機構(メカ)部品など、金属の薄板を成形する金属プレス加工に用いられる金型で、ダイの代表的なものです。

プレス加工は材料から最終形状までを一度に加工することは少なく、数工程をかけて完成するため、金型もそれぞれの工程毎に必要になります。しかし実際には、1つの金型内で多くの工程を加工できる順送り型と呼ばれるものや、1台の機械内に数工程分の金型を並べ、製品を順次送りながら自動的に加工をする方法とそのための金型などがあります（**図1.5**）。金属プレス型の用途は自動車が圧倒的に多く、金属プレス型全体の50%を超えています。

世界的に最も多く作られているプレス加工品として硬貨（コイン）があり、模様を写す圧印用のプレス金型は、別の金型（マスターダイ）からプレス加工で多量に作ることができます。

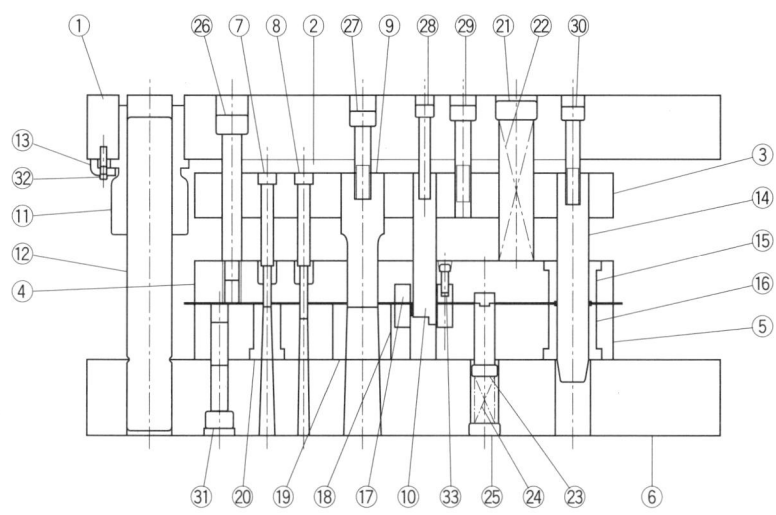

部番	部品名称	備考	部番	部品名称	備考
①	パンチホルダ		⑱	ダイ入れ子	曲げ加工用
②	バッキングプレート		⑲	ダイ入れ子	
③	パンチプレート		⑳	ダイブシュ	
④	ストリッパプレート		㉑	セットスクリュ	
⑤	ダイプレート		㉒	ばね	
⑥	ダイホルダ		㉓	リフタ式ストックガイド	
⑦	丸パンチ		㉔	ばね	
⑧	パイロットパンチ		㉕	セットスクリュ	
⑨	パンチ		㉖	ストリッパボルト	
⑩	曲げパンチ		㉗	六角穴付きボルト	
⑪	ガイドブシュ		㉘	〃	
⑫	ガイドポスト		㉙	〃	
⑬	クランプ		㉚	〃	
⑭	ガイドポスト	ストリッパガイド用	㉛	〃	
⑮	ガイドブシュ	ストリッパ用	㉜	〃	
⑯	ガイドブシュ	ダイプレート用	㉝	〃	
⑰	ストリッパ入れ子	曲げ加工用			

図1.5　プレス順送り金型の構造例

② 鍛造型

　鍛造には高温に加熱をした金属をハンマーで何回もたたきながら成形する自由鍛造と、金型で複雑な形状を成形する型鍛造があります。

　自由鍛造は村の鍛冶屋さんが鍬や鎌を作るのを大がかりにしたようなものです。型を用いた鍛造には材料を加工するときの温度で、熱間鍛造、温間鍛造および冷間鍛造があります。熱間鍛造型は、高温に加熱した材料を金型で成形する場合に用います。冷間鍛造型は常温で金属の塊を成形するもので、自動車の駆動部の部品および機械部品など、大きな力が加わる部分の部品が作られています。温間鍛造は高精度の成形が可能なため、従来は切削加工などで作っていたものをプレス加工する場合、材料を少し加熱して加工しやすくしたもので、チタン、マグネシューム合金などの特殊金属に利用されています。

　いずれの場合も素材から完成品の形状までは数工程かけて加工をするため、金型も工程に合わせて必要になります（図1.6）。

図1．6　鍛造品とその加工工程の例　　アイダプレスハンドブックより

③ 板金機械用金型

　主として共通の標準型を用いて大きな薄板の切断、穴明け、および曲げなどに用いられます。板金の専用機には任意の位置に高精度で穴明け加工をするNCターレットパンチプレス、曲げを専門に行うプレスブレーキなどがあり、それぞれに専用の金型があります。

④ 専用機用金型

　板材および線材を複雑な形状に曲げたり成形する専用機械のフォーミングマシンにも製品専用の金型が用いられています。この他、アルミ缶の加工、瓶の王冠、ボルトおよびリベット、ファスナーなどの製品専用の機械に用いられる金型、パイプの切断および曲げなど、特殊な用途に使われる金型などがあります。

⑤ 金属以外の加工に用いられる抜き型

　皮、板状のゴム、紙およびボール紙、既製品用の衣類の布などを多量に裁断する場合、突切り型と呼ばれる金型が使われます。突切り型は一方を形状に合わせた薄い板状の刃でつくり、他の一方を平らな木またはプラスチック板で受け、その間に材料を入れ、刃を押しつけて抜きます（図1.7）。

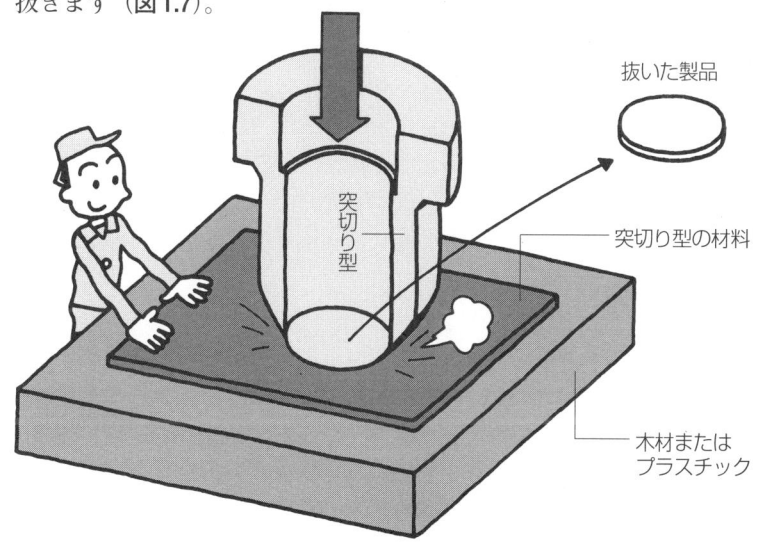

図1.7　紙、ゴムシートなどを抜く突切り型

3.2 モールド（成形型）

　同じ金型の中でも、溶かした材料または粉末状の材料などを金型の中に押し込み、一度に立体的な製品を成形する金型をモールドと呼んでいます。

　モールドの多くは熱を加えたものを金型内で冷やしたり金型内で加熱をするのに時間がかかりますが、1つの金型で多くの製品が同時にできるようにして生産性を上げています。これは木の幹から枝に分かれた先に沢山の実がなるのに似ており、幹や枝状に材料の流れる道を造り、実になる部分まで送り込みます。プラモデルを作るとき、多くの部品が付いているのがこの方法で作られたものです。

　モールドに含まれる金型には、次のようなものがあります。

① 　プラスチック用射出成形型（熱可塑性樹脂および熱硬化性樹脂用）

　熱を加えると溶けて流動性が高まる熱可塑性の樹脂（プラスチック）を加熱して金型内に圧力を加えて流し込み、金型内で冷やして固めたり硬化させる射出成形用の金型が代表的なものです（図1.8）。

　製品の成形は固定側の金型に、可動側の金型を高い圧力で押しつけ密封状態にし、この中へ溶かした材料を圧入し、型内で冷やして固めたり硬化させます。その後で可動側の金型を移動させて開き、製品を取り出します。金型を冷却するため、金型の内部に穴を明けて冷却水を流します。生産性が高く、価格も安いので、大部分のプラスチック製品は射出成形とその金型で作られています。製品は冷却後に収縮をするため、それを見込んだ金型が必要です。

　ペットボトルなどの容器は、入り口より奥の断面積が大きいため、内部の金型を製品から外せないので外側のみを金型で作り、風船のように内部に圧縮空気を吹き込んで膨らませ、成形後の製品は金型を分割して取り出します。これをブロー成形と呼んでいます。

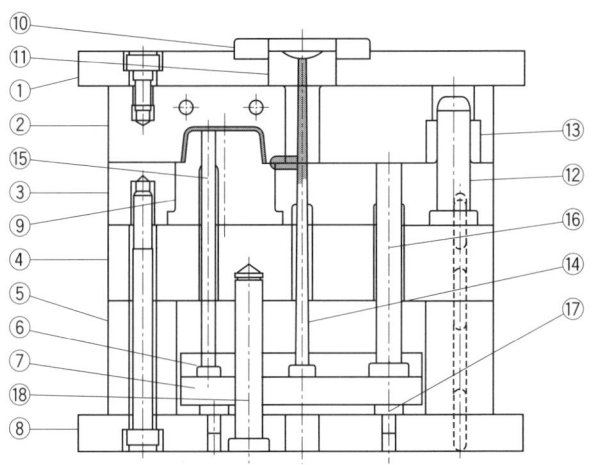

番号	名称	機能
①	固定側取付け板	固定側型板とセットして、成形機に取り付けるための板
②	固定側型板	キャビティを加工した板。普通の場合、成形品の表面を形づくる型
③	可動側型板	コアをブッシングするための板
④	受け板	可動側型板にブッシングしたコアが、バックしないように受けている板
⑤	スペーサブロック	エジェクタプレートが、突出し作動するための空間をつくるブロック
⑥	エジェクタプレート上	エジェクタピン、リターンピンなどを取り付けるプレート
⑦	エジェクタプレート下	エジェクタプレート上に取り付けたエジェクタピン、リターンピンなどを、裏からおさえつけるプレート
⑧	可動側取付け板	可動側型板、受け板、スペーサブロックなどとセットして、成形機に取り付けるための板
⑨	コア	普通の場合、成形品の裏面を形づくる型
⑩	ロケートリング	金型を、成形機に取り付けるさいに、位置決めをするためのリング
⑪	スプルブシュ	ノズルからの材料が通る、スプルを加工したブシュ
⑫	ガイドピン	固定側型板と可動側型板の相対位置を決めるためのピン
⑬	ガイドピンブシュ	ガイドピンがはまり合うブシュ、ガイドピンのしゅう動による摩耗を防ぐために焼入れしてある
⑭	スプルロックピン	先端をZ形のアンダカットにして、スプルに充てんした成形材料を引き抜くためのピン
⑮	エジェクタピン	成形品を金型から離型し、突出すためのピン
⑯	リターンピン	突出しのために作動したエジェクタプレートを、もとの位置に押し戻すためのピン
⑰	ストップピン	エジェクタプレートと、可動側取り付け板との間に空間をつくり、ゴミその他の異物が逃げやすいようにするためのピン
⑱	エジェクタプレートガイドピン	エジェクタプレートが円滑に作動するためのピン

図1.8 プラスチック射出成形型の構造例

② プラスチック用圧縮成形型（熱硬化性樹脂用）

粉末状の樹脂を計量し、金型（キャビティ）内に入れ、加圧および加熱をする成形法に用いられます。熱硬化性樹脂の射出成形の進歩と共に使用量は減少しています。

プラスチック製品は目に見える部分に使われるものが多く、製品の表面の面粗さや透明度は金型の面粗さで決まるため、金型をみがくことが重要です。

③ ダイカスト型

アルミニューム、マグネシュームおよびそれらの合金など、比較的溶融温度の低い金属を溶かして金型内に流し込み、成形をする鋳造用金型です。金属の成形ですがプレス型などと異なり、金型の構造および機能は射出成形型とほぼ同じであり、モールドに属します。部分的に厚さの異なる3次元の複雑な形状を持つ製品を、一度に成形することができます。

④ ガラス（成形）型

ガラスを溶かして金型内に流し込み、成形をします。原理や構造は射出成形型などに近く、1つの金型で多数の製品を同時に作ることもできます。ガラス瓶などのように口の部分より奥（胴の部分）が大きいものは、プラスチック容器用の金型と同じようなブロー成形型が使

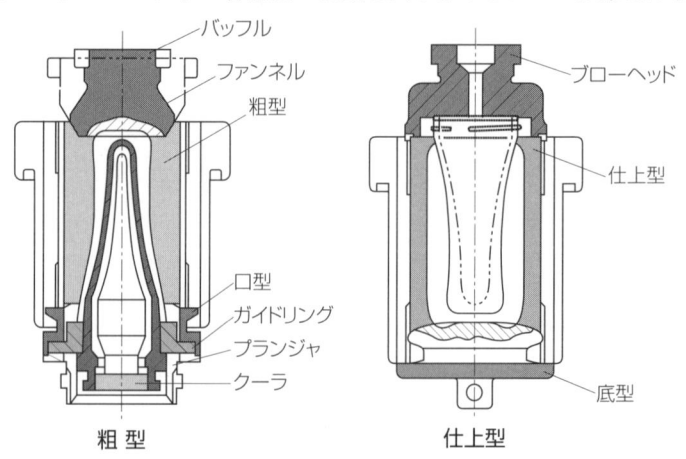

図1.9 ガラス成形用金型の構造例（ブローブロー型）

われています（**図1.9**）。

　いずれの場合も外観が重要であり、金型の表面粗さが製品に直接現れるため、表面粗さ、金型のつなぎ目の筋、角部の鋭さなどが問題になります。

⑤　ゴム成形型

　ゴムを成形する金型も他のモールドとほぼ同じ原理と構造です。主な用途は自動車、2輪車、自転車などの乗り物のタイヤ、チューブおよびクッション、履き物の靴底などです。ゴムは流動性が低いので多くの穴から金型に圧入する必要があります。また空気抜き用に針のような突起が多数残っているのが見られるでしょう（**図1.10**）。

図1.10　ゴム用金型で作られたタイヤの空気を抜くための針状の突起がある

⑥　粉末成形（粉末冶金）型

　金属の粉を金型内で圧縮して固め、成形をします。その後に金属の溶融点以下の温度で焼結します。鋳造が困難な溶融点の高い金属、溶融しない2種類以上の金属または非金属、多孔質の金属などの成形が容易にできます。耐熱性を必要とする特殊なガラスやセラミックスなども、この原理と類似の金型で作られています。

⑦　MIM（金属射出成形型）

　金属の粉末を特殊な添加剤（バインダ）を加えて粘土のように流動性を与え、圧力を加えて金型内に流し込み固めます。成形加工の原理と金型の構造はほぼプラスチック用の射出成形型と同じです。

　成形後の製品は炉の中で加熱し、添加剤を蒸発させて金属だけを残し、これをさらに高温の焼結炉で焼結します。材料の制限が少なく、複雑で微細な加工が可能ですが収縮率が大きいので、収縮を見込んで高精度の製品を作る金型の製作が難しいのが難点です。

4 金型の機能（役割）

4.1
機械、装置、材料および人との役割分担

　金型は製品を作るための特殊な専用の工具であり、金型単独では製品を作ることができず、①プレス機械または成形機械などの機械、②材料の挿入、製品の取り出しその他の周辺装置、③材料、④これらを扱う人、などが一緒になって製品を作る機能を果たすことができます（**図1.11**）。

　生産全体に必要な機能のうち、機械その他がどこまでの機能を果たしてくれるのかによって金型に必要な機能が決まります。例えば金型間の半製品の移送を、①機械で送る、②装置で送る、③金型で送る（送り機構を組み込む）、④材料で送る（材料につない

図1.11
部品加工システムの構成要素（プレス加工の例）

だ状態で送る）、などによってそれぞれの機能は異なり、金型の機能も異なります。製品の取り出しも同様です。

このように金型の機能は機械、装置および材料などによって変わりますが、多くの金型に共通する機能は、機械または装置に持たせ、個々の金型の機能を少なくすることが、金型を早く、安く作る上で重要です。

4.2 金型単体の機能

金型の機能は大きく分けて、次の2つがあります。

① 製品を成形する機能

　製品を成形する機能は、文字どおり材料を成形する部分です。プレス金型などでは、パンチおよびダイ（狭い意味でパンチの相手の部品）がこの役割を果たしています。プラスチック成形型などのモールドでは、主として製品の外側を担当するキャビティと内側を担当するコアがこれに当たります。

　プレス加工の場合は、大きな力を加えて成形された金属製品は、金型から出ると金属の持つ弾性のため僅かに形状が戻ります。また高温で溶かした金属およびプラスチックなどは、冷えると収縮します。

　このため、金型は製品の形状および寸法を僅かに変えて作り、弾性が回復したり収縮した後に正しい形状と寸法になるようにします。変化する量は、製品の各部分で異なるため、反り、ねじれおよび変形などの原因になります。製品を正しい形状および寸法にするため、金型をどのように変えて作るか（補正するか）は、材質、製品の形状、部分的な肉厚の差などで変わるため、多くの経験や知識、データなどが必要です。

② 生産をスムーズに行う機能

　生産をスムーズに行う機能は、製品を成形するだけでなく、短時間に材料の挿入と位置決め、製品およびスクラップの取り出しなどを自動的に行う機能です。また、固定側の金型と可動側の金型を機械に取り付けて固定したり、相互位置を正しく確保する機能も必要です。

プレス型では、材料の位置決めをするガイドおよびパイロットパンチ、パンチに付いた製品（またはスクラップ）を外すストリッパ、ダイの中の製品を取り出すノックアウトその他多くの部品が組み込まれています。プラスチック成形型などでは、材料を流し込むためのランナおよびゲート、製品取り出し用のストリッパおよびエジェクタ機構があります。また金型とその中の製品を冷やすための冷却機構も必要です。

　さらに、単純な上下または左右のみの動きを、直角方向その他の角度に変えるカム機構、異常を発見して機械を停止させるセンサーなど、実に様々な機構が組み込まれています。

　これらの機能によって段取り時間、生産速度（サイクルタイム）、トラブルの発生状況、などが大きく変わり、自動化の程度も変わります。このように金型のできばえによって製品を生産する場合の品質、コストおよび納期、などが大きく変わります。

5 金型の製作工程

5.1 金型の仕様決定

　成形に使用する機械の能力および仕様、製品の精度、生産数、生産方式（自動化の程度）、予算および納期、などを考え、金型の仕様（金型の種類、概略の構造、材質など）を決めます（**図1.12**）。

　金型の仕様は仕様書にまとめます。その作成は顧客（金型を使う側の人）の希望に合わせて営業、生産技術部門などが作成しますが、金型設計者に任される場合も多くあります。いずれの場合も金型の仕様書は顧客の承認が必要です。

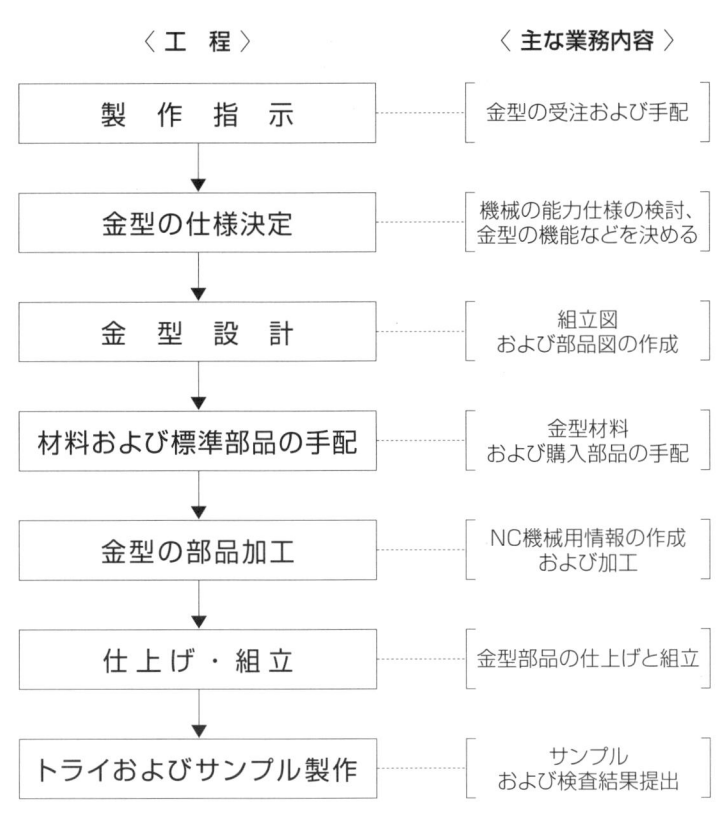

図1.12 金型の主な製作工程

5.2
金型の設計

　金型設計者は製品図面、金型仕様書、生産指示書などの情報を受け取ります。生産指示書には金型製作の納期、目標価格および生産計画などが記入されています。設計後は金型の組立図、部品図、材料および購入部品のリスト、などの情報を出します。これらの情報は、紙に書く、コンピュータ内にデータとして蓄える、直接相手の人に連絡をする、社内外コンピュータネットワークを使って必要な部門へ直接転送する、などの方法があります。

CAD/CAM の場合は、設計者が機械加工用の NC データを作成する場合もあります。この他、加工部門への製作伝票、業務記録などの事務処理を行います。

5.3 金型部品の加工

　部品図に従って機械加工をします。加工内容はマシニングセンタを中心とする切削加工、成形研削盤および平面研削盤を中心とする研削加工、形彫り放電加工機およびワイヤ放電加工機（いずれも NC 機）などであり、それぞれ類似の機械別にグループが分かれ、分業で加工を進めるのが一般的です（図 1.13）。

　また、途中まで加工を済ませた標準部品を利用したり、加工の一部を社外に依頼するなど、加工内容は企業および金型の内容など様々です。加工機械の中心は NC 工作機械ですが、様々なマニュアルの機械が補助的に使われています。

5.4 金型部品の仕上げと組立

　機械加工の終わった金型部品の仕上げと組立をします。仕上げ加工は部品の確認、みがき、面取り、バリ取り、逃がし加工、はめあい部の調整などを行います。これらの中で重要な作業は、みがきであり、特にプラスチック成形型ではみがき専門の担当者がいるほどです。

　仕上げの済んだ部品は組立図に従って組み立てます（図 1.14）。組み立て中、部品が合わずに組めない、位置がずれている、部品相互で干渉する、などの異常が発生した場合の判断と処置も重要です。

5.5 試し加工(トライ)と製品および金型の評価

　組み上がった金型は、生産用の機械(または試し加工用の機械)に取り付け、実際に材料を入れて加工をします。その後、製品のできばえ(精度および外観など)および金型の機能を確認します。不具合がある場合はそれを是正し、再度試し加工をして確認をします。問題がない場合は必要とする数量のサンプルを作製し、検査部門に提出し、品質の保証をします。

　また、本生産時の参考のために、試し加工をしたときの条件、作業手順などをまとめた資料も作成しておきます。最終評価は客先の機械でトライをしたり、顧客が立ち会って確認をする場合もあります。

図1.13　金型部品の加工(切削加工)

図1.14　金型の組立・調整作業

第2章

金型で作られる製品

1 金型を使用した工法への転換

　金型の進歩と普及は多量生産される工業製品と共にありますが、素材の関係で金属関係が先行し、その後プラスチックが普及しました。

　歴史上、世界で最も多量に作られ、製造方法を一変したものにコイン（硬貨）があります。古い時代の硬貨は、貝や貴重な石を手加工していましたが、金属を鋳造する方法に代わり普及が進みました。さらにこれを薄い金属の板を抜いて成形するプレス加工で多量生産ができるようになり、桁違いに生産性が向上し、精度も非常に高くなり、現在に至っています。自動販売機も、鋳造した硬貨では実現が不可能だったでしょう。

　手作りに近い木製の家具、筐体（キャビネットその他）、運搬機械などの多くも、鋼（スチール）およびプラスチックなどに代わり、金型で多量生産されるようになりました。自動車なども手作りに近い状態から、金型を活用した部品加工に代わって多量生産とコストダウンを実現し、多くの人が購入できるようになりました。

2 自動車部品

　自動車、特に乗用車は車種が多く、そのうえ1台の自動車は2万点以上の部品からできており、これらの部品は例外を除きすべて金型で作られています。1つの部品は複数の金型を使用するものが多く、金型の総数は膨大になります。

　金型の種類はプレス金型、鍛造型、プラスチック成形型、ダイカスト型、ゴム用金型、ガラス用金型など、ほぼすべての金型が使われています。

プレス金型

　プレス金型の大きなものとしてはボデイ本体の外板（アウターパネル）および内側（インナーパネル）、床材（フロアパネル）などがあり、これにドア、ボンネット、サスペンションその他の部品が付きます（図2.1）。これらの部品の多くは、いくつかの単品部品を溶接して作られており、部品点数と金型ははるかに多くなります。さらに、サスペンション、ステアリング、ブレーキなどの機能部品の多くも金属プレス部品であり、プレス金型で作られています。

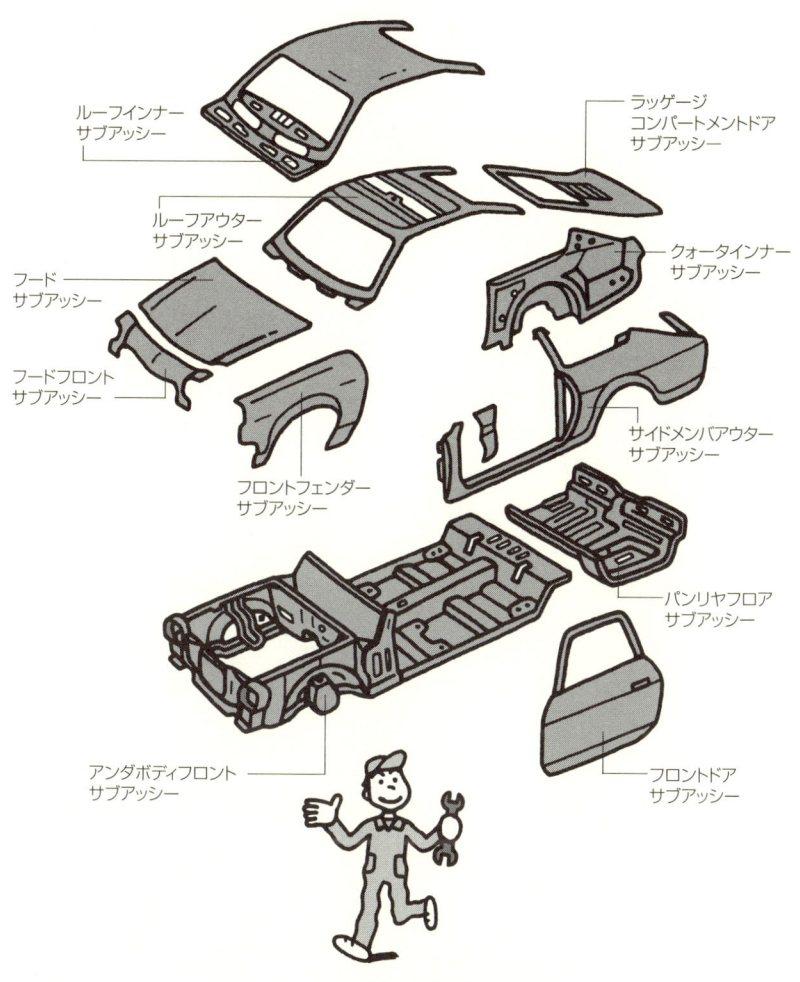

図2．1　金型で作られた自動車部品の例

電気製品に比べ金属部品が多いのは、機械的な強度と剛性を確保し、なおかつ軽量化をするためです。軽量化と燃費を向上するため、普通鋼板から薄くても強度の高い高張力鋼板に変更する部品が増え、アルミニューム合金の使用率も増えています。タイヤを固定するホイールはアルミホイールを使用するものも多くなり、これらはプレス加工から鍛造および鋳造加工に代わっています。

鍛造型

エンジン、ミッション、等速ジョイントその他エンジンの回転エネルギーを車に伝える動力伝達用部品に多く使われています。これらは過酷な条件で大きな力を伝える必要があるため、鍛造部品が多く使われ、それらを加工するための金型が用いられています。また、アルミホイールも鍛造で作るものがあります。

鋳造型

鋳造型はエンジン本体（エンジンブロック）が主な用途ですが、アルミホイールも鋳造型で作られたものがあります。小さなものでは、ドアその他の金具がダイカスト型で作られています。

プラスチック成形型

プラスチック部品は内装（室内用）に多く使われており、ダッシュボード、天井、ドア、小物入れその他、手に触れる部分の構造材とカバーにも多く使われています。自動車に付いている空調、音響機器、自動化装置など、電気・電子機器の多くにプラスチック製品と成形用の金型が使われており、その種類は非常に多くなります。

一目でプラスチックと分かるものから、高級木材、本革および金属などに似せて作る技術が発達し、機能および価格と質感の調和を図っています（図2.2）。ヘッド

図2.2　室内の手が触れる部分は大部分がプラスチック成形品

ライト用カバー、赤やオレンジ色のテールライト（ディフレクター）なども高精度なプラスチック用射出成形型で作られています。

ガラス用金型

ガラス型は、窓ガラス用とライト用が主な用途です。

ゴム用金型

自動車用のゴム部品はタイヤ、窓枠、クッション、その他様々な部品があり、金型で成形されています。

このように自動車用の金型は種類も多く、生産量も全体の50％を超える最大の需要先産業です。

3 電気および電子部品

プレス金型

電気・電子機器部品に使用される金属部品は、時代と共に減少しています。

スイッチ、チューナー、電話交換機などの接片類の多くが半導体に代わり、テレビ、冷蔵庫、掃除機などの製品の本体はプラスチックに代わっています。しかし、半導体用のリードフレーム、コネクタなどは、パソコン、携帯電話その他のIT機器関係の伸びと共に飛躍的に増えています（図2.3）。また、目に見えに

(a)構造図
チップ
封止プラスチック
ボンディングワイヤ
リードフレーム

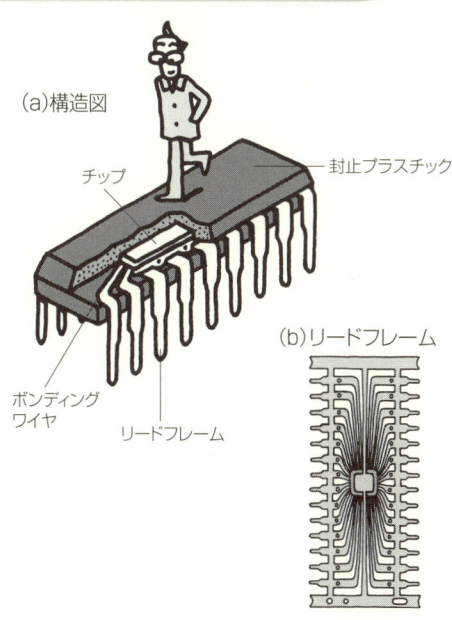

(b)リードフレーム

図2.3　半導体（IC）の構造とその部品

くいCD、DVD、ハードディスクドライブなどの機構（メカ）部品、モーター、熱交換機などでは大いに活躍しています。

電子機器は小型化、高機能化などの進歩が激しく、そのつど新製品が生まれ、それまでのものから置き換わり、新しい材料、工法とそれに合わせた金型が生まれています。

プラスチック成形型

身の回りの電気製品を見ると大部分のものはボディがプラスチックでできています。これらは比較的軽く、3次元の自由形状の加工が容易で、色も様々なものができ、デザイン性に優れ価格が安いのが魅力です。電気、電子機器でプラスチック部品が複数使われていないものは皆無でしょう。テレビのキャビネットは木製から金属へ、そしてプラスチックに変わってきた歴史があります。

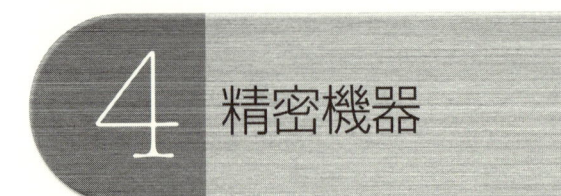

4 精密機器

プレス金型

精密切削加工部品と高精度プレス加工部品の典型であった腕時計、カメラ、オルゴール、タイプライタなどは、電子（半導体）化とプラスチック化が進み、歯車およびレバーなどの金属部品の点数が大幅に減少し、プレス金型の比率も低下しています。機構部品（メカ部品）以外は、主としてカメラなどのケース類に高度な金型技術で作られた部品が使われ、商品価値の向上に貢献しています。

プラスチック成形型

精密機器のケース類も、金属からプラスチックに変わったものが多くなっています。デザイン性と機械的特性が必要なため、多くの機能性のプラスチック材料が使われています。

5 厨房器具

プレス金型

厨房機器は金属部品とその金型が多く使われています。代表的なものとしては流し台（シンク）、ガス台、レンジフード（換気扇）、オーブンその他の調理器、鍋その他があります（**図2.4**）。調理には火と水を使いますが、熱に強く、化学的な変化も少なく、衛生的でもあるため、多くの金属製品が使われています。

図2.4　金属プレス部品が多く使われている厨房と流し台のシンクの例

プラスチック成形型

厨房機器でのプラスチックは食品収納用の容器類が多い他、お椀および箸などの食器に多く使われています。これらは木製のものから代わったものが多く、外観を漆器などの木製に似せて作る金型の技術が発達しています。

ガラス型

ガラス製品は、容器、グラス、瓶などが代表的なものです。

6 玩具および事務用品

プレス金型

　玩具の多くがプラスチックに代わり、金属部品と金型の比率は大幅に低下しています。特にブリキ製のおもちゃは貴重な存在になりつつあります。現在は動く玩具の歯車およびリンクなどの駆動部など、目に付きにくいところの一部に使われています。

プラスチック成形型

　玩具の多くはプラスチック製であり、軽く、外観がきれい、価格が安い、金型を作るのが容易、などで広く普及しました。

　プラモデルは文字どおりプラスチック製の模型であり、子供から大人まで夢中になって作った思い出があるでしょう（図2.5）。分解する前のつながった状態の部品を見ると、射出成形型と材料の供給状態がよく分かると思います。プラスチック製の玩具は、型と製品の製作が容易なだけに日本で作る例は少なくなっています。逆に高級品は木製のものが見直され、プラスチックから木製に戻るものも多い珍しい工業製品です。

図2.5　プラモデルの例

　事務用品もボールペンその他の筆記具をはじめ、プラスチック化が進み、発展途上国への移行が進んでいます（図2.6）。

図2.6　筆記用具は大部分がプラスチック製

鋳造型

　主としてアルミニューム、亜鉛合金などの低融点合金のダイカスト部品が強度を必要とする部品に使われています。超合金製と呼ばれる変身ロボットなどの玩具は、ダイカスト型で作られています。

7 鉄道車両、航空機、自転車など

　新幹線は元より、一般の電車の車両にも金型とそれによって作られた部品が活躍しています。台車関係および駆動部にはプレス加工品および熱間鍛造品が多く使われています。また、室内の調度品および座席などに多くの金属およびプラスチック製品が使われており、金型が活躍しています。

　航空機は数十万点の部品が使われ、これらの大部分は高い信頼性を求められています。胴体および翼などの大きなものは数量が少なく、加工も特殊ですが、機内の座席、シートベルトなど様々なものが金型で作られています。食器類も軽量化のため、プラスチック製が多いのに気づいた人も多いと思います。

　自転車は、多量生産の歴史が古く、生産数も非常に多かったため、金型を使っての多量生産が早く、金属プレスとその金型が大活躍をしました。より軽く、乗り心地が良く、安く、を追求し部品の加工法と金型の進歩は目覚ましいものがあります（図2.7）。金属の塊に近かった自転車も、車輪その他プラスチック化さ

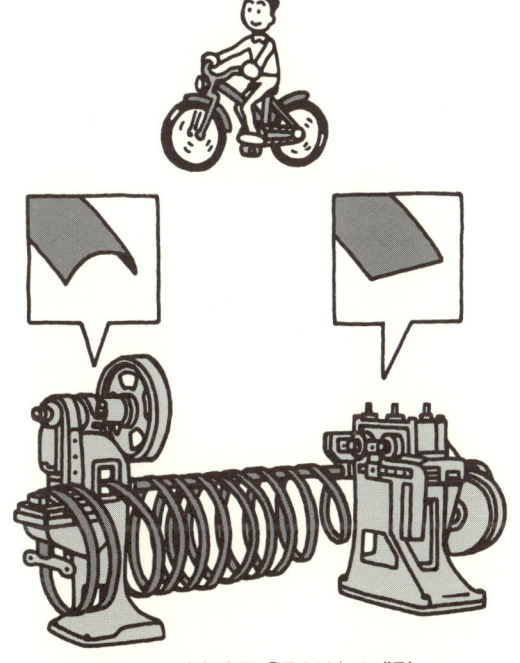

図2.7　自転車用「泥よけ」の成形

れたものもあり、それぞれ金型で成形されています。

　あらゆる産業で、毎年新製品が開発され、新しい素材も生まれています。これらが量産化されるたびに、それを生産するための新しい金型が作られています。従来からの商品も常に、より小型、軽量、高機能が求められ、逆に価格は低下しています。

　これを可能にする上で金型の役割は非常に大きく、金型も時代と共に新しい構造、製作法などが開発され、高精度、高機能化が進んできました。商品開発が金型に新しい課題を要求し、それに応えることで金型技術は進歩し、さらに金型技術の進歩が製品の機能を向上させ、デザインの自由度を増し、新製品の開発を助けます。これらのすべてに金型製作技術が深く関わっており、今後も金型は進歩と発展を続けるものと思われます。

第 3 章

金型を使用する生産

1 プレス金型を使用した生産

　板材を使用するプレス加工は自動加工が基本ですが、大きな製品および少量生産などでは人手による材料の挿入および取り出しが行われています。素材の板は製品1個用に細かく切断したスケッチ材、大きな平板を製品毎の幅に合わせて何列かに切った切断材（ストリップ材）、長い帯状に切断して巻き取ったコイル材などがあり（**図3.1**）、これらをストックしておき、随時供給し、さらに金型に挿入して加工をします。

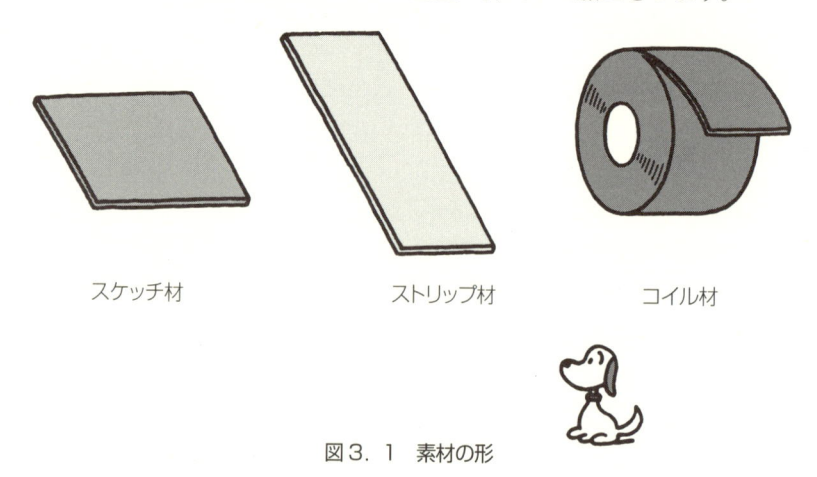

スケッチ材　　　　ストリップ材　　　　コイル材

図3．1　素材の形

　板材を使ったプレス加工の自動化方式には、次のようなものがあります。

① 単工程のみの自動化
　　1台のプレス機械に1工程のみの金型を取り付け、材料または半製品の挿入と取出しを自動で行います。工程数が多い場合、機械と装置の台数が増え、その都度製品を揃える必要があるなどの欠点がありますが、金型の機能と構造は比較的簡単です。

② ロボットライン

　プレス加工は数工程をかけて加工をする場合が多く、途中工程の製品（半製品）を複数のプレス機械で加工するとき、この間をプレス用ロボットで搬送します。

　プレス加工での製品の移動は決まった場所から場所へ、一定の距離をそのままの姿勢で移動させるだけでよいものが大部分です（図3.2）。機械と機械の間は離れており、この間を一度に移動させるのは時間もかかり、装置も大きくなるため、機械の中間にテーブルを設け、ここに一度下ろし、それを後工程の掴み装置が運ぶようにしています。この中間のテーブルで裏返しをしたり、工程間での高さの調整をしたりできます。

図3.2　プレスロボットライン

　このように大部分のプレス用ロボットは、ロボットといっても自動機の一種と考えることができます。この他特殊な作業をするロボットとして、動作を記憶させれば3次元の複雑な動きができる多機能多関節ロボットもあります。

　いずれの場合も金型は単工程のみの機能でよく、自動化が容易です。金型の製作も容易で、従来からの金型も利用できます。

　プレス用ロボットは製品をバキュームカップ、マグネットなどで吸引する、工具で掴む、などの方法で運びます。

③　トランスファ加工

　1台のプレス機械に数工程の金型を取り付け、材料から切り離した個々の製品をフィードバーと呼ばれる長い棒状のものを駆動させ、これに組み込んだ掴み装置（フィンガー）で途中工程の製品を掴みながら次の加工位置へ搬送します。プレス機械は汎用の機械に装置を付けたもの（トランスファユニット付きプレス）と、トランスファ加工の専用機（トランスファプレス）があります。

図3.3　トランスファプレス

　金型は機械の種類、搬送方法などで独特の構造と機能が必要であり、一般の金型とは異なります。**図3.3**、および**図3.4**はトランスファプレスと内部に配置されている金型の例であり、前方に見えるフィードバーと呼ばれる装置に付けたフィンガーで製品を、掴む（クランプ）→ 運ぶ → 離す（アンクランプ）→ 戻る、という動作を繰り返し、次の工程に送ります（**図3.5**）。

●フィードバー
●上型
●スクラップ取出し用シュート
●材料送り装置
●下型

図3.4　金型とフィードバー

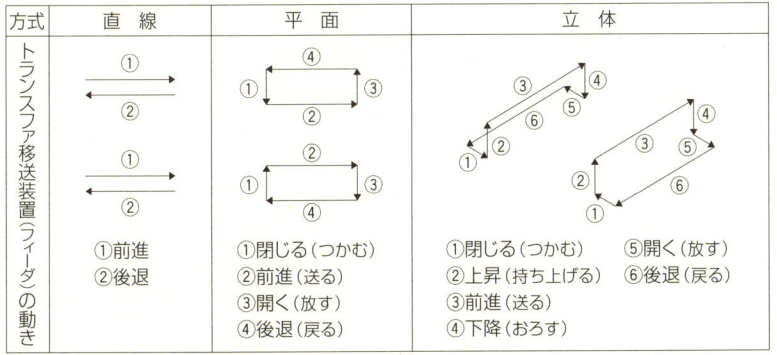

方式	直線	平面	立体
トランスファ移送装置（フィーダ）の動き	①前進 ②後退	①閉じる（つかむ） ②前進（送る） ③開く（放す） ④後退（戻る）	①閉じる（つかむ）　⑤開く（放す） ②上昇（持ち上げる）⑥後退（戻る） ③前進（送る） ④下降（おろす）

図3.5　フィードバーの動き

④　順送り加工

　　材料の一部に途中工程の製品を付けた状態で送りながら、順に加工をします。機械は汎用のものでよく、送り装置も材料を送る装置が使われています。設備は製品の形状には関係なく板状の材料を送るのみでよいため簡単で、小さい部品を高速で送れるため、最も広く使われています。

　　金型は多くの機能と高い信頼性が必要であり、プレス金型では最も高度な技術を必要とします。特に途中工程は常に製品の一部を材料につないでおくため、外周の加工が困難、途中で製品の反転ができないなど、加工上の制限が多く、どこでつなぎ、どのような工程で加工をするかを決めるストリップレイアウト図の作成は、金型技術の80％以上を占めるといわれるほど重要です（第4章、図4.12参照）。

　　このような理由で、プレス加工用金型では最も高度な設計技術を必要とされます。**図3.6**に、順送り加工のための機械および装置をライン化した例を示します。

○材料の供給装置

　　長尺の材料をレベラー付きクレードル、アンコイラなどに取り付けます。

○レベラー

　　巻いてある材料の巻き癖を取り真っ直ぐにします。独立した専用装置も多く使われています。

○ロールフィード

　　一対のロールが一定角度回転し、材料を一定のピッチで金型内に送

り込みます。プレス機械のクランクシャフトの回転を利用したものの他、NCロールフィードなどがあります。ロールフィードの他、材料を掴んで送るグリッパーフィードもあります。

〇製品の取出し装置

　製品を取り出す方法は金型の下へ抜き落とすのが最善ですが、金型上に残る場合はアンローダー装置および、圧縮空気での吹き飛ばしなどが使われています。

　製品が金型内に残ると、製品が不良になり、金型を破損する危険もあるので特に信頼性が必要です。

〇ミス検出装置

　自動加工では人が付いていない場合が多いため、異常を検知するための様々なセンサーが金型および機械などに組み込まれています。

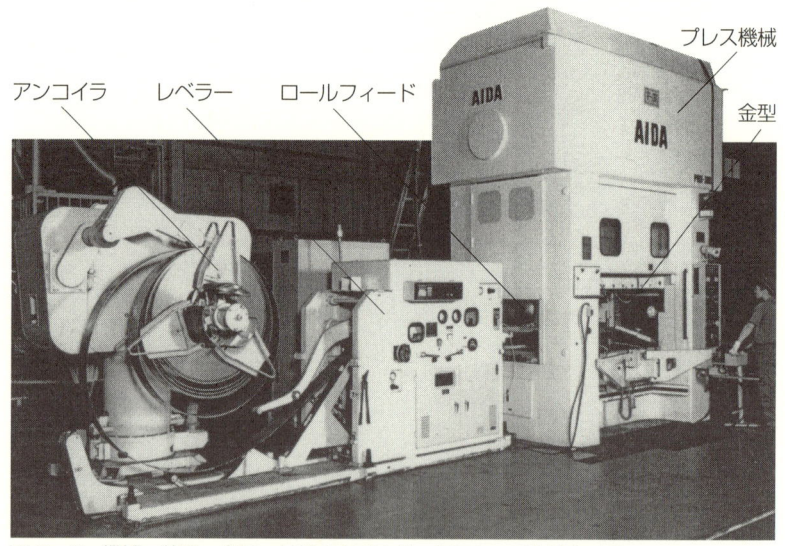

図3.6　機械、装置、金型、材料および人が一体になって生産をする
　　　（プレス加工の例）

⑤　複合加工

　複合加工は複数の部品加工と組立などを同時に行う方法であり、次のような例があります。

〇1台のプレス機械と金型で2つ以上の製品を同時にプレス加工し、同じ金型内で組み立てる。

○金型内にタッピング装置などを組み込んでタッピングを行う。
○1台の機械でトランスファ加工と順送り加工を一緒に行って組み立てる方法などがある。
○金属プレス機械とプラスチック成形機をライン化し、プレス加工をした製品を自動的にプラスチック成形機内の金型に送り込み一体成形をする。

2 鍛造型を使用した生産

　冷間鍛造加工用の材料は、ブロック状の金属の塊であり、この材料を圧縮して変形させるため、金型の単位面積当たりの圧力は非常に高くなります。プレス機械は下死点付近の速度が遅く、剛性の高い鍛造専用の機械が多く用いられています。

　金型構造も機械的な強度と剛性を高めるため独特な構造をしています。冷間鍛造の場合は潤滑に油ではなく、材料の表面にリン酸塩被膜などを付ける表面処理を行います。このための処理設備が必要であり、プレス加工ではブロック状の素材を金型へ供給する搬送装置などが必要になります。金型を使用する熱間鍛造は、あまり精度を必要としない部品および工程に用いられ、別工程でのバリ取りの他、高精度が必要な場合は後で切削加工などを行います。また材料を高温に加熱する設備と、熱対策が必要です。

　このようにダイは、金属の金型（鉄）で金属の製品（大部分は鉄）を多量に加工します。このため、金型の摩耗および損傷が激しく、保守整備が欠かせません。このため大部分のプレス加工工場は、金型を補修する設備を持ち、刃先の再研削その他を行っています。

3 プラスチック射出成形型を使用した生産（熱可塑性プラスチック）

プラスチックの射出成形は、**図3.7**のような射出成形機と工程で成形され、例外を除きすべて自動で加工します。しかもほぼ無人状態か1人が多数の機械を担当し、装置全体の加熱に時間とエネルギーを要するので、夜間も止めずに連続生産をするのが一般的であり、金型も高い信頼性が必要です。射出成形機は横型（横にスライドする）が一般的ですが、小型の機械では縦型のものもあります。

図3．7　全電動射出成形機

材料を加熱し、さらに加圧をして金型内に押し込む機構には、油圧シリンダまたはサーボモーターで直接押し込むプランジャ式、ねじ状のスクリューを回転させて送り込むスクリュー式などがあります（**図3.8**）。

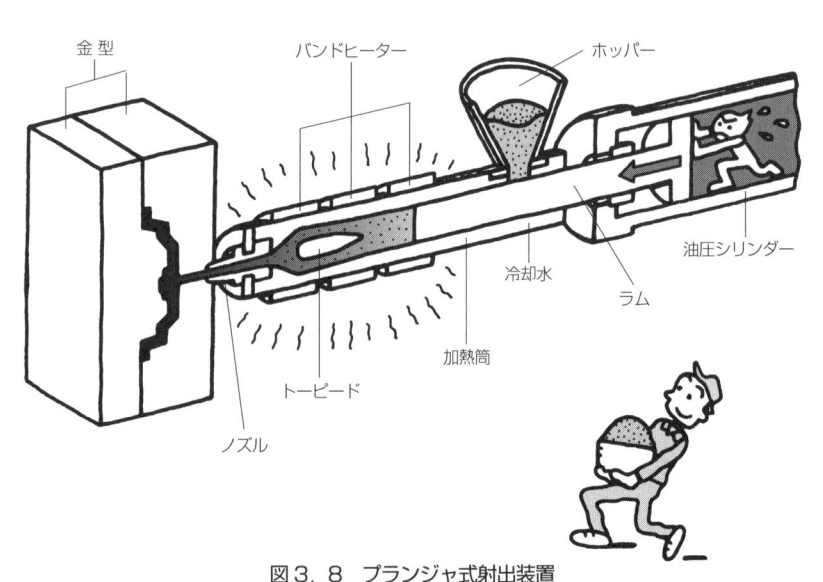

図3．8　プランジャ式射出装置

また、一方の金型を移動させて隙間のないように密着させる型締めの駆動は、機械式（トッグル機構）、油圧、サーボモーターなどがあります。
　周辺装置には次のようなものがあります。

① 金型を冷却する冷却水の循環装置
② 供給前の材料を乾燥する乾燥機
③ ホッパに粒状の材料を自動供給するホッパローダー
④ 製品および製品以外の部分の残材の取り出し装置
⑤ 製品の搬送装置
⑥ 製品以外の部分および不良品を砕いて再利用するための粉砕器

　金型の摩耗および破損は金属加工ほど激しくないため、保守整備は成形部門とは別な金型製作部門で行う場合が多く、金型メーカーに依頼をする場合も多くあります。

4 ダイカスト型を使用した生産

　ダイカストは主として材料に融点の低い合金を用いるため、これを溶かす炉、金型を冷却するための冷却水の循環装置が必要です。成形後の製品には材料を流し込んだ部分の残りの部分およびバリなどの除去装置なども必要な場合があります。

5 ゴム型を使用した生産

　金型を利用したゴム製品の加工は歴史が古く、需要先産業が広く、製品と配合する材料も様々であり、加工方法もそれら製品グループによって様々です。このため、それぞれの業界で独自の生産方法と金型が使われています。

　ゴムの材質は天然ゴムを基本とし、これに様々な物質を混ぜて練り合わせ、硬さ、耐摩耗性その他、必要な特性を出します。これを加硫といい、そのための装置が必要ですが、配合する成分と配合の方法に多くの技術が必要です。

　ゴムは流動性が悪いため、大きな製品の場合は金型に注入口を多く付けます。製品によっては、成形後にバリ取り工程が必要です。その他の内容は一般的なモールドと同様です。

第 4 章

金型の設計

第3章までで、「金型」についての基礎知識を得ることが出来たと思います。

さあ、この第4章からは、実際に「金型」が出来上がるまでの製作過程を、工程の流れに沿って解説をします。

10ページのフローチャートを参照しながら読むと、いっそう理解が進みます。

1 設計の内容と手順

1.1 金型設計・製図の特徴と業務内容

　金型の設計内容は、金型の種類、企業内での金型製作業務の分業化の程度と設計部門の業務分担、標準部品の購入比率、外部企業への部品加工依頼の程度などによって異なりますが、基本は次のとおりです。

　金型設計および製図は、1つの金型のみのために行う必要があり、設計に要した時間と費用のすべてが1つの金型に含まれます。これは一度設計をすれば同じ図面で同一のものを多量に生産する、一般の工業製品と大きく異なる点です。

　また、金型設計に要した時間と費用は1つの金型にすべてが含まれるため、金型のできばえと合わせて、いかに早く、安く設計するかが重要です（**図4.1**）。特に開発期間の短縮を目指す顧客からの納期短縮の要請が強く、金型設計を早く済ませるための技術の向上と対策が各社で進められています（**図4.2**）。

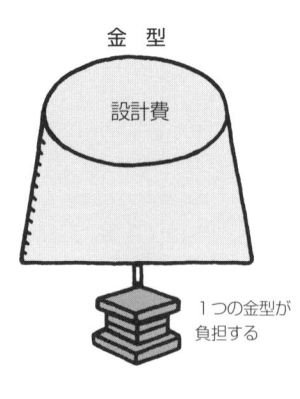

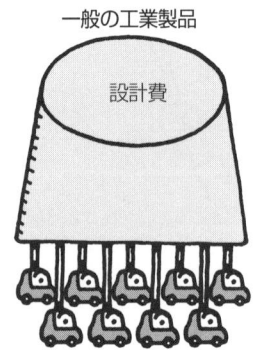

図4.1　設計費の負担（原価への影響）

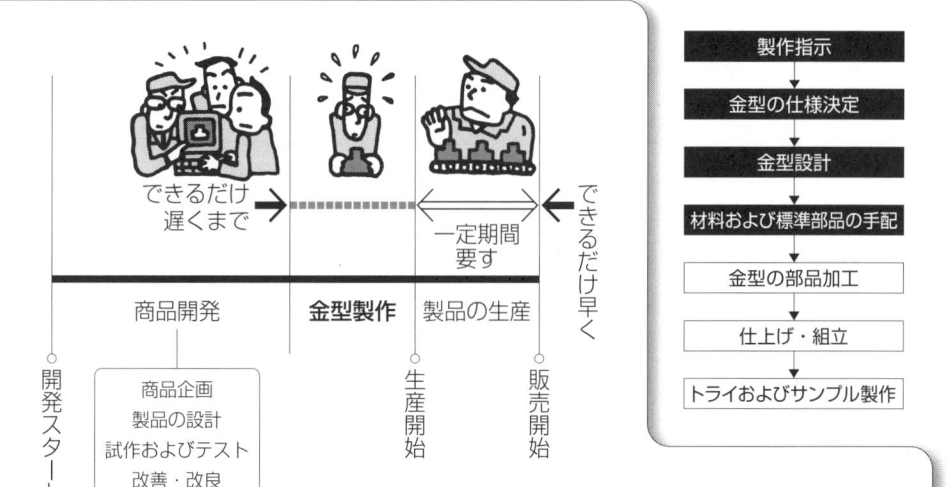

図4.2 金型製作期間短縮の必要性

　また、金型は多くの場合、形状および寸法精度などで従来の実績を超える新しい要求が加わり、不確定な部分があっても、そのつど実験をしたり試作品を作って確認をする時間と費用がかけられず、そのままぶっつけ本番で製作をする場合が多くあります。これが金型を組み立てた後のトライ（試し加工）以降のトラブルや修正および調整に、多くの時間が必要になる原因になっています。また、この対策に多くの経験およびノウハウを必要とする原因になっています。

　金型製作における設計の役割は、大きく分けて次の2つがあります。

① 必要な機能を満たす金型の構想をまとめ、顧客の満足を得る
　　でき上がった金型で作った製品の形状、および寸法などが要求品質と生産上の機能を満たしていることが必要です。

② 金型部品の加工および組立部門に必要な情報を提供する
　　設計者が構想を描いた金型を、実際に加工したり組み立てる人に的確な情報を伝える必要があり、このために詳細な金型図面が必要になります。設計後の機械加工および組立はすべて、この金型図面を基準として進められます。

金型図面以外では仕様書、手配書などの書類の作成と必要に応じた打ち合わせ、トライ（試し加工）時の立ち会いと確認などが加わる場合があります。CAD/CAM（コンピュータを利用した設計と製作）の場合は、加工用のNCデータがあれば、紙に書いた図面を大幅に省略できます。この場合、加工に必要な情報はNCデータであり、図面は作業をする人のための参考程度にすぎなくなります。

金型設計の図面はすべてを新しく作成するのではなく、コンピュータのデータベース、規格品その他の標準類のファイルなどを活用すると、その都度入力する内容が大幅に減少し、設計時間が短縮できます。

1.2 金型の仕様決定

1.2.1 金型を取り付ける機械の仕様に合わせる

金型はプレス機械、射出成形機その他の生産機械に取り付けて製品の加工をします。このため金型は、使用する機械の能力と大きさ、取り付け部の位置と固定方法などを合わせる必要があります。

プレス金型の場合は、上型の移動量（ストローク長さ）、1分間に往復できる数（毎分ストローク数）、取り付けることができる金型の最大高さ（ダイハイト）とその調節量、金型を取り付ける部分の面積、製品およびスクラップの排出穴の大きさなどがあります。また、自動生産に用いる場合は、材料を送り込む高さと位置などを自動化装置の仕様に合わせる必要があります。

1.2.2 製品の機能と品質

金型で作られる製品は製品図の規格を満足するだけでなく、用途と機能を考慮して金型を設計する必要があります。例えばプレス抜き型ではバリの方向（裏表）、指定のない部分のコーナーの丸み（R）、外観の程度などです。プラスチック成形型などのモールドでは、表面の滑らかさ、金型を合わせる位置（つなぎ目）、抜き勾配の付け方と大きさなどがあります。

金型の仕様は、技術部または上司が仕様書として前もって作成するの

が理想です。しかし、多くの中小企業では金型設計者が技術部門を兼ねており、仕様の決定も金型設計者に任されている例が多くあります。いずれの場合も金型を商品として販売する金型メーカーの場合は、事前にユーザーと仕様内容を確認し、承認を得ることが重要です。

```
製作指示
  ↓
金型の仕様決定
  ↓
金型設計
  ↓
材料および標準部品の手配
  ↓
金型の部品加工
  ↓
仕上げ・組立
  ↓
トライおよびサンプル製作
```

金型の仕様および製品の品質が異なっていると機械に取り付けて生産することができなかったり、取り付けられても金型として使えない場合があります。**表4.1**にプレス金型の仕様書の例を示します。

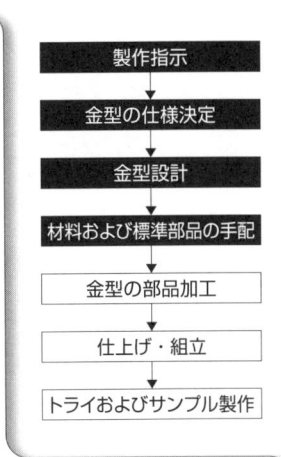

内容は生産に用いる機械の種類と取り付け方法、生産速度、素材の種類と形状、金型構造、金型部品の材質など、顧客の希望する金型とずれが生じないようにします。

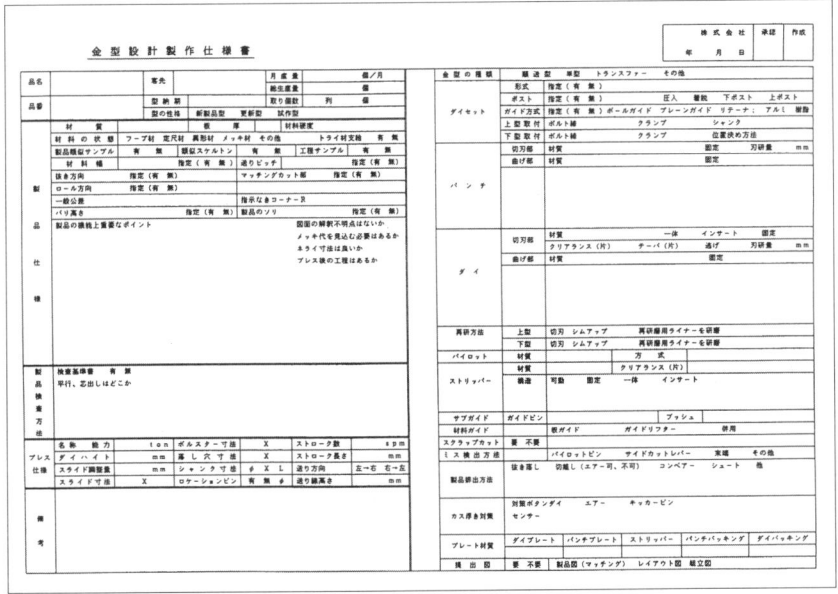

表4.1 金型仕様書の例

1.3 コンピュータシステムと金型の設計方法

生産する機械の仕様の確認と調整ができたら、いよいよ金型の設計に移ります。金型の設計および製図は、一部の例外を除き CAD または CAD/CAM で行います。金型に使用される CAD および CAD/CAM システムには次のようなものがあります（**表4.2**）。

種　類		特　徴
CADのみ	汎用CAD	ソフト代が安い、バージョンアップが容易、ソフトの互換性がよい。
	金型設計用	設計手続きに無駄がない。金型に必要な固有情報が整っている。手続きおよびデータの変更が面倒。
CAD&CAM		CAMで形状情報の再入力が必要。その他はCAD／CAMにほぼ同じ。
CAD−CAM		CADとCAM側の双方で情報のやり取りが可能。加工側の情報を設計に生かしやすく、金型製作には適している。
CAD/CAM	汎　用	設計段階で加工情報を作成する。加工情報の作成が早い。設計部門と加工部門の業務と責任分担、評価などの問題がある。
	金型製作用	限定した範囲の金型製作に最適。フレキシブルさとバージョンアップが難点。
CAE		シミュレーションの他、金型製作全体のシステムの最適化を目指す。

表4.2　金型製作用のコンピュータシステム

① 図形作成を目的とした汎用CAD

一般のパソコンに図形処理のソフトを入れたものを金型設計に利用します。製図を支援するものであり、製図板とコンパスなどの製図道具を使って手で書く代わりにコンピュータに入力し、プロッターで出図をします。製図のための熟練が必要なく、手で書くよりきれいに書け、データをうまく使えば製図が早くできます。ソフトウェアの追加

およびバージョンアップもメーカーが自主的に行ったものに変えるだけで容易です。NC加工用のデータが必要な場合は、図面を見て再度形状および寸法を入力する必要があります。

② 金型設計専用CAD

金型設計のみを行うことを目的とした専用のソフトおよびデータを持つシステムであり、ソフトウェアの会社と金型メーカーなどがタイアップして、金型の種類と製作方法に特徴のあるシステムが販売されています。

```
製作指示
  ↓
金型の仕様決定
  ↓
金型設計
  ↓
材料および標準部品の手配
  ↓
金型の部品加工
  ↓
仕上げ・組立
  ↓
トライおよびサンプル製作
```

実際に金型を作っている企業の経験とデータが始めから組み込まれており、金型設計に必要な処理が容易なように工夫されており、類似の金型および製作方法の場合は便利で、汎用CADに比べて短時間に多くの処理ができます。しかし、ソフトウェアの内容に制限があったり、ユーザー側での中身の変更およびバージョンアップが難しいなどの欠点もあります。

NC加工用のデータ作成は①と同じです。

③ 金型製作用の2次元のCAD/CAM

設計が終了すると共に形状情報をNC加工用データに変換します。この場合マシニングセンタおよびワイヤ放電加工機などのNC加工データを作成するために、再度形状情報などを入力する必要がありません。金型専用CAD/CAMシステムの多くは、これをベースにアプリケーションソフトを追加しています。

④ 3次元処理が可能な金型専用のCAD/CAM

NC工作機械の加工を優先し、これに金型設計用のCADを結びつけたものです。一般の金型製作用のCAD/CAMでは最も効率が良く、便利なシステムです。

NC工作機械のデータ作成を優先し、これに金型設計専用のCADを結びつけたため、設計手順に無駄がなく、加工との連携もスムーズです。また、複雑な3次元形状の製品形状を金型形状に変換したり、製

品以外の周辺の形状を追加するのにも便利なものが自動車メーカー主体で開発されています。

⑤　特定の金型製作を前提とした専用のCAD/CAM

　　金型の種類と製作法をある範囲に限定し、設計からNCデータ作成までを一貫して行うシステムであり、余分な手続きが不要、必要なデータが揃っている、自動的に処理できる部分が多い、などの特徴があります。

　　シミュレーションのできるソフトウェアもあります。

⑥　ソリッドモデル3次元のCAD/CAM、CAE

　　体積および質量を持った物体としての3次元CAD/CAMであり、可動する部分の相互干渉のチェック、慣性の大きさなどのシミュレーションが容易です（**表4.3**）。CADのみの場合は、設計終了後にNC加工データを別に作成することが必要ですが、CAD/CAMの場合は設計をしながら簡単な操作でNC加工データに変換できます。

　　上記のうち2次元CADは実物は3次元の金型を製図のために2次元に変え、見る人は2次元の図面から3次元の金型を想像する必要があります（**図4.3**）。3次元CADは3次元の金型を直接3次元で表現するため、理解しやすくミスも少なくできます。このため、金型設計は3次元CADへの移行が進んでいます。

モデルの種類	ワイヤフレーム	サーフェスモデル	ソリッドモデル
モデリングの方法	稜線で構成	稜線の中に面を張る（面のみで内部は空）	体積を持つ物体として認識
長　　所	モデルの作成が簡単。3面図の作成が容易。システムが簡単で安い。	3次元形状のNCデータの作成が容易。面積の計算が容易。	3次元情報が正確で分かりやすい。干渉チェック、シミュレーションが容易

表4.3　金型用CADの図形処理からの分類

　　いずれの場合最も重要なことは金型の種類別に、設計手順を決め、各ステップ毎の処置内容およびそれに必要な設計基準とデータを統一することです。これにより、設計時間が早くなるだけでなく、データベース

の有効活用が可能になり、一般の人でも習熟が早い、個人差が少なくなる、設計の分業化が可能、設計ミスが減少する、などの効果もあります。

　設計手順は企業および金型の種類などによって異なるため、金型を類似のグループに分けて作成します。さらにステップ毎の処理方法の詳細な手順を作成しておくと一層効果的であり、これにより早くて5年、一人前になるには10年以上かかるといわれていた金型の設計が3カ月程度の経験で十分可能になり、新人、女性の活躍も目覚ましいものがあります（図4.4）。

```
製作指示
  ↓
金型の仕様決定
  ↓
金型設計
  ↓
材料および標準部品の手配
  ↓
金型の部品加工
  ↓
仕上げ・組立
  ↓
トライおよびサンプル製作
```

　金型設計は個人の経験とノウハウの積み重ねから、データベースの活用によるシステム化の時代に変わっています。金型設計者の真の価値は過去の経験の積み重ねではなく、創造性にあります。

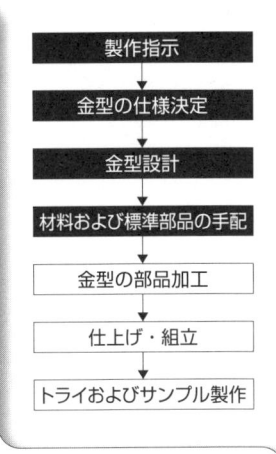

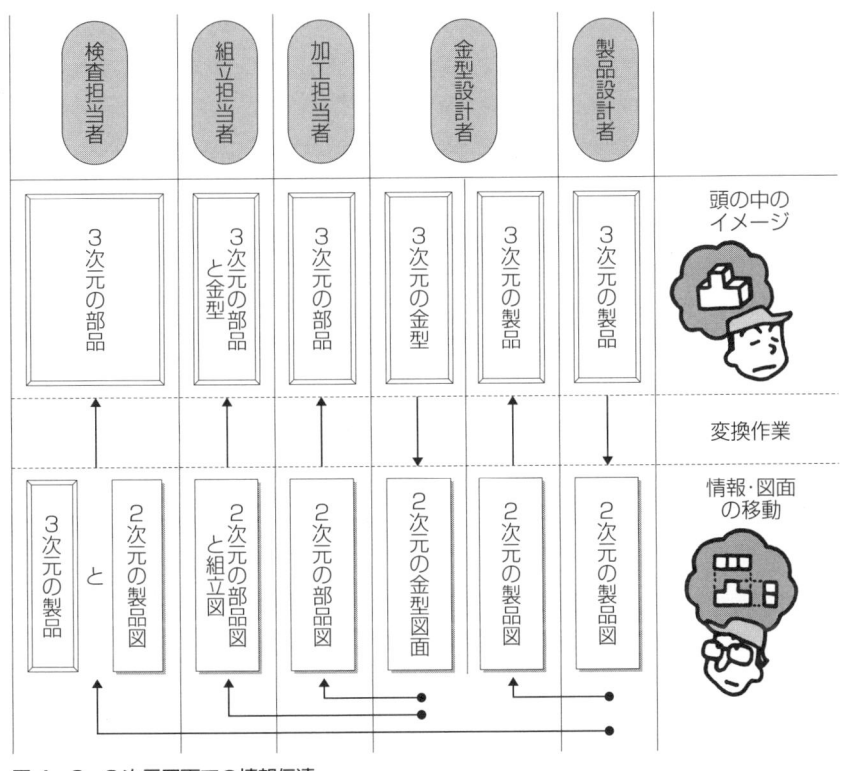

図4.3　2次元図面での情報伝達

	処理事項	標準データ
製品図	製品の用途および機能の確認 製品加工上の注意事項確認	工程能力データ集
アレンジ図	アレンジ図作成 （コピーをした製品図上に追加記入）	アレンジ基準
展開図	アレンジ後の展開図作成	展開計算式 補正値
レイアウト図	工程別にレイアウト図を作成 （アレンジ図より必要部分のみトレース）	GTによるレイアウトデータ集
組立図	[省略] 全体ユニット図利用 その他の場合	全体ユニット図 サブユニット規格
プレート図　部品図	[プレート図省略] （第2原紙の上に追加記入してもよい） 標準部品、ワイヤカット放電加工部品省略	ユニット用プレート図 標準部品とコード化 ワイヤカット放電加工用オフセット規格
部品表	ユニット用部品表に追加記入	全体ユニット用部品表

図4.4 設計手順とその内容の例

1.4 金型の製図と図示法

1.4.1 金型製図

実際の金型製図はJISの機械製図が基本ですが、種類によって異なるCADシステムでの制約、早く図面を作成するための金型固有の簡略画法、企業固有の省略法などが多く用いられています。これらが狭い部分に多くの部品が詰め込まれていることと合わせて、慣れないと金型図面が理解しにくいという原因の一つになっています。

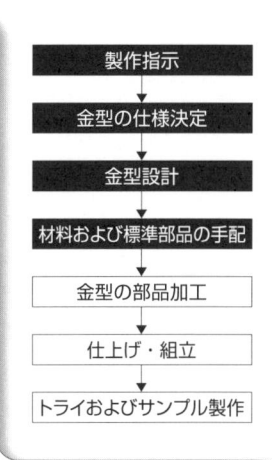

1.4.2 基準の設定と寸法の記入

金型に限らず、すべての製品や部品を製作する場合、寸法を記入しますがその方法はいろいろあります。いずれの場合も絶対に必要なことは原点（X軸およびY軸の基準点）とX軸（またはY軸）との平行を確保することです。原点だけではそこを中心に回転することで位置がぴったり合いません。各部の寸法および穴の位置などはこの原点からの距離で示し、機械加工、組立および検査などもこの原点と平行度を基準にして進めます。

原点と平行度を確保する金型の組立図および部品図の寸法記入には、次のような方法が行われています。

① 2直角面基準（**図4.5A**）

　4角な金型または金型部品の外形の2直角側面を基準に寸法を記入します。この場合、例外を除き（イ）の左および上の側面を基準にしています。プレートその他の部品図に広く用いられています。市販の標準プレートもこの面を基準面として、高精度に仕上げています。

② 1面、1穴基準（**同図B**）

　1つの穴をX、Yの原点とし、1つの側面で平行を確保します。昔は③の中心線基準が多かったのですが、金型部品の加工がNC工作機

械中心になっている企業の多くは、最初の穴加工は2直角面を基準とし、その後の加工は穴基準にする例が増えています。

③　中心線基準（**同図C**）
　　XおよびY方向とも金型の中心線（仮想線）を基準に左右、上下対称に寸法を記入します。金型の中心部で製品を加工する場合に用いられます。しかし、中心線は実際には目に見えない仮想線であり、加工および測定などで実物の確認が難しく、誤差も出やすいので金型の設計では用いられる例が少なくなっています。

④　中心線と外形の1端面（**同図D**）
　　主としてプレス順送り型のように一方から加工が進む場合などの平面図の作成に用いられます。この場合、中心線は参考程度にして、実際の中心線は2穴基準からの絶対値で決めるのが一般的です。

⑤　2穴基準（**同図E**）
　　1つの穴をX、Yの原点とし、他の穴とで平行を確保します。はじめにマシニングセンタなどで基準となる2つの穴を他の穴と同時に加工し、後工程のワイヤ放電加工機、ジグ中ぐり盤などの基準にします。ガイドポストの穴など、実際に加工する穴を基準に利用することも多くあります。穴の中心を基準に使う方法は、測定誤差が少なく、ジグを使って固定する場合にも便利です。

A. 2直角側面を基準とする

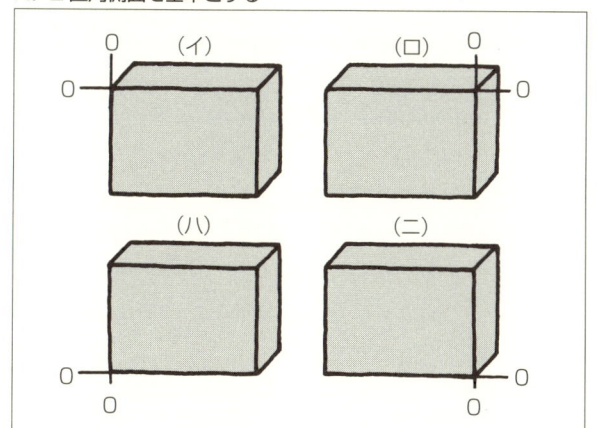

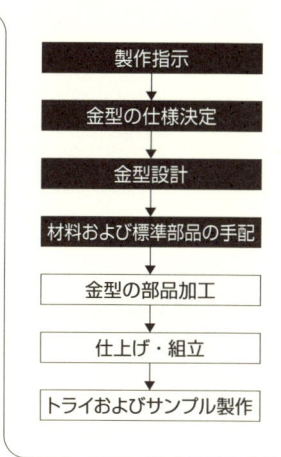

(イ) (ロ)
(ハ) (ニ)

B. 1面と1穴を基準とする

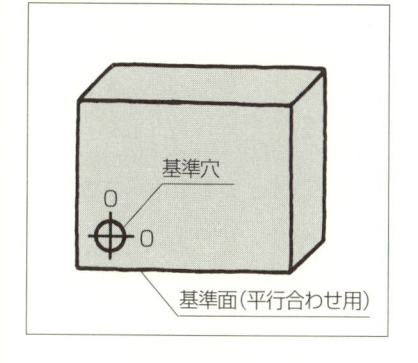

基準穴
基準面（平行合わせ用）

C. 中心線を基準とする

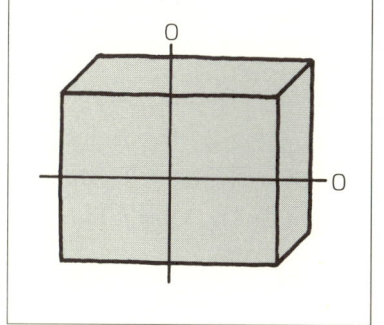

D. 1面と中心線を基準とする

基準面

E. 2つの穴を基準とする

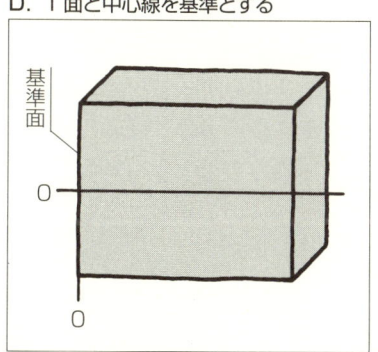

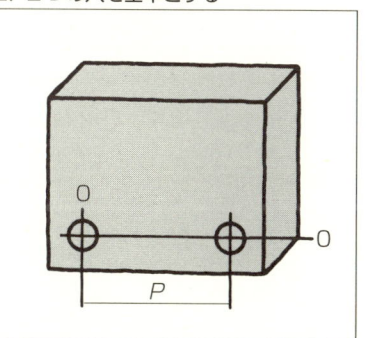

P

図4.5 基準の設定法

製作指示
↓
金型の仕様決定
↓
金型設計
↓
材料および標準部品の手配
↓
金型の部品加工
↓
仕上げ・組立
↓
トライおよびサンプル製作

第4章 金型の設計

2 アレンジ図の作成

　金型は製品にほぼ近い形状および寸法に作りますが、製品図とまったく同じではありません。製品図を金型製作用の図面に変換する必要があり、これをアレンジ図と呼びます。以後、設計をはじめ金型製作に必要な製品に関する情報はすべてこのアレンジ図を基準として進めます。
　アレンジ図を作る目的は次のとおりです。

① 金型と製品の差を見込んでねらい値を決める

　前にも述べたように、金型はほぼ製品に近い形状と寸法に作りますが、まったく同じではありません。プレス加工の場合は金型で金属に大きな力を加えて成形しても、金属の持つ弾性（ばねのように元に戻る性質）のため、金型から解放されたとき、少し元に戻ります。またプラスチックの成形加工およびダイカスト（金型による鋳造）では、冷えると収縮し、形状および寸法が変化します。製品を指定された形状および寸法にするためには、これらを見込んで金型を製品規格の中心よりわずかに変えておく必要があります。

② 製品の公差の中からねらい値を決める

　製品図には公差が入っているため、これを金型製作のためのねらい寸法に変える必要があります。ねらい値は製品公差の中心とは限らず、金型の摩耗、材料のばらつきなどを考慮して中心からずらせておく場合も多くあります。例えばプレス金型で穴を抜く場合、パンチが摩耗したり、バリがつぶれて小さくなることはあっても大きくなることはありません（図 4.6）。このように穴の場合は、パンチを大きめに作っておきます（図 4.7 に穴のアレンジ例を示します）。

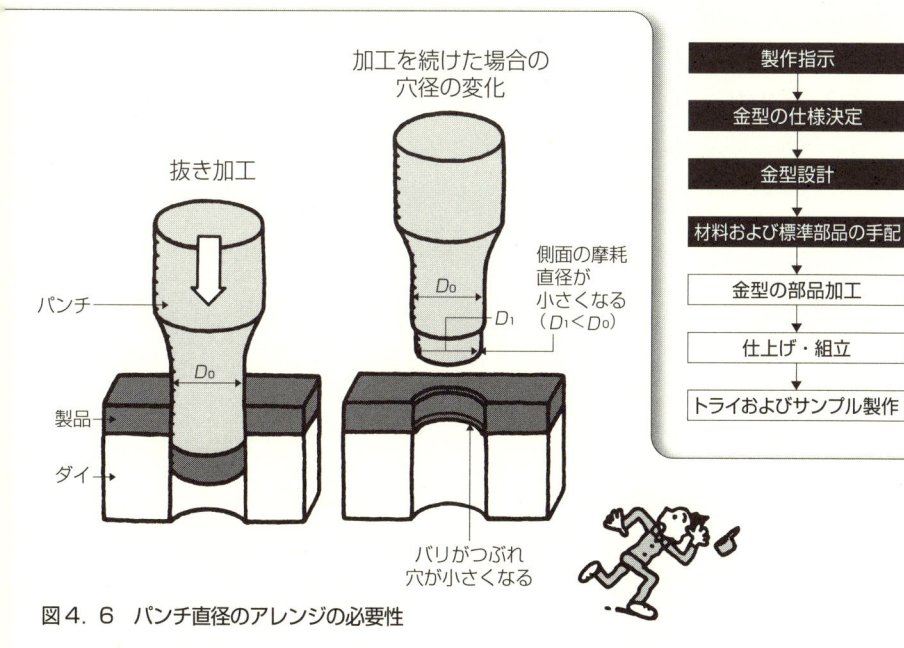

図4.6 パンチ直径のアレンジの必要性

公差の種類	両側公差	片側公差	普通許容差
製品の規格	$\phi 3\pm0.05$	$\phi 4{+0.1 \atop 0}$	$\phi 5$
ねらい値 （アレンジ寸法）	$\phi 3.03$	$\phi 4.08$	$\phi 5.1$

図4.7 穴寸法のアレンジの例

③ 金型製作および製品加工のための形状の部分変更

プレスの抜き型では、角にRがないと摩耗が非常に激しくなります。製品として問題がない場所は、角部に製品の板圧の1/2以上のRを付けるとバリの発生が少なく、寿命も大幅に長くできます（**図4.8**）。

プレス順送り型の場合は、材料につないだ状態で途中工程の製品を送り、後で切り離すため、この部分に僅かの段差が必要です。プラスチックの成形型などは、金型内の製品が金型に密着するのを防ぐためのわずかな抜き勾配を付けます（**図4.9**）。

またワイヤ放電加工機では角部に（ワイヤの半径）＋（放電ギャップ）の R が付きます。例えばワイヤ直径0.2mm（半径0.1mm）、放電ギャップを0.05mmとすると最低0.15（0.1＋0.05）mmの R が必要です（図4.10）。さらに加工をスムーズにするためには、工作物とワイヤの相対的な動きは鋭角ではなく円弧状になることが望ましく、R は大きいほどよいといえます。

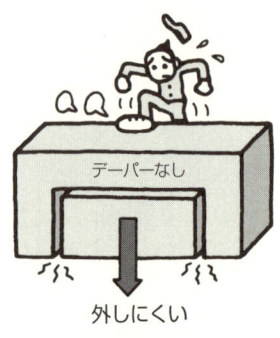

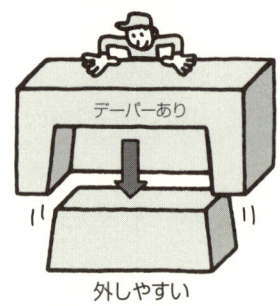

図4.8 パンチのコーナー部の摩耗

図4.9 プラスチック成形品の抜きテーパー

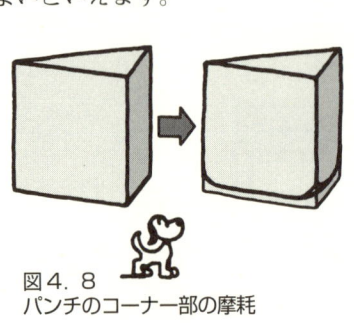

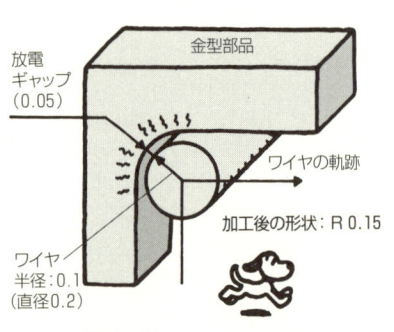

図4.10 ワイヤ放電加工機でのコーナー R

3 展開図の作成

　一般のプレス加工製品の素材は、圧延した薄い板を使用します。しかし製品図は成形後の立体的な形状で示されており、平らな板状に展開し

た平面の形状と寸法を決める必要があります。曲げた部分の展開計算は、図4.11のように直線部と円弧状の曲げ部分に分けて求めます。このとき、内側は元の寸法より縮んでおり、外側は伸びているため、曲げたときに伸び縮みしない中立軸と呼ばれる部分で計算をします。平らな板から容器状の製品を作る絞り加工製品の場合は、製品の表面積と平らな材料の面積がほぼ等しいとして平板の面積を求めます。

実際は加工によって多少伸びる部分と縮む部分がありますが、大きな誤差はありません。これらの正確な計算方法と式が必要な場合は、それぞれの専門書またはハンドブックで確認をしてください。

```
製作指示
  ↓
金型の仕様決定
  ↓
金型設計
  ↓
材料および標準部品の手配
  ↓
金型の部品加工
  ↓
仕上げ・組立
  ↓
トライおよびサンプル製作
```

A部　x部　B部

平面部と曲げ部を別々に入力

A部、B部および C部をつなぎ合わせる

$L = A + B + x$

展開図完成

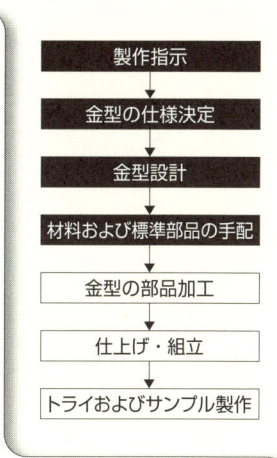

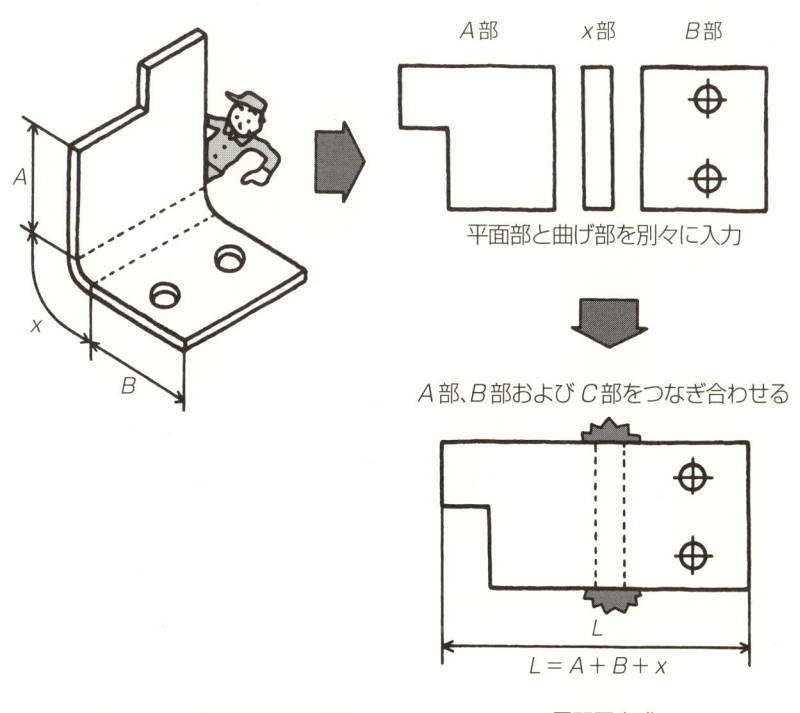

図4. 11　CADによる展開図の作成事例

4 レイアウト図の作成

　プレス加工の場合は1工程で完了する例はほとんどなく、大部分の製品は数工程かけて加工をする例が多く、素材から最終形状までの途中工程の製品図を作ります。これは製品図を見ても分からず、金型設計者が新しく作成をするものです。

　特にプレス加工での多量生産用の金型の主流である順送り型は、材料をつないだ状態で加工を進めるため、後で工程を追加したり変更することが困難か不可能です。このため順送り型では、ストリップレイアウトと呼ばれるレイアウト図の作成が設計技術の80％以上を占めるといわれるほど重要であり、プレス金型設計者の技術力の差が最も大きく現れます。

　順送り型のストリップレイアウト図は、次のような点を注意して作成します（**図4.12**）。

① つなぐ位置とその形状

　製品と材料をつなぐ場所は加工が終わるまで平面を保つ位置がよく、つなぎ方には片側でつなぐ、両側でつなぐ、中心部分でつなぐ、などの方法があります。途中でつないだ部分の位置や大きさが変わる場合は、これに合わせて変化できるような形状が必要です。

② 位置決め用のパイロット穴の指定

　途中工程の製品を正確な位置で加工をするための位置決め用に砲弾状（またはテーパー状）のパイロットパンチを前の工程で明けたパイロット用の穴に入れます。このパイロット用の穴の直径および位置を指定します。

③ 加工工程と途中工程での製品形状と寸法

　素材から最終の製品までの各工程の形状および寸法を決め、加工順

序に合わせて作成します。途中工程の製品の形状は製品図にはなく、金型設計者が独自に創作するものです。

このとき、各工程の金型構造と加工内容をイメージし、前後の工程とのバランスを考える必要があります。

④　加工する方向

曲げたり、容器状に加工をする場合、上向きに加工をするか下向きに加工をするかを決めます。加工の方向は抜くときのバリの方向、製品およびスクラップの排出、金型の強度などを考慮して決めます。横または斜めの方向から加工をする必要がある場合は、カムを使って穴を明けたり、曲げを行います。

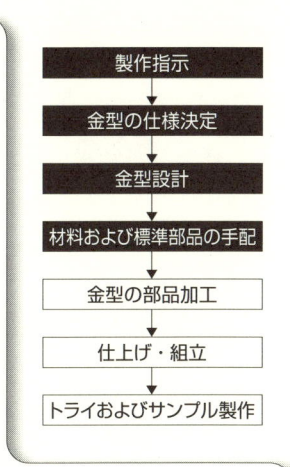

⑤　アイドルステージ（何も加工をしない工程）

前後の加工工程との関係で製品が傾く、加工のタイミングが合わない、金型部品が接近しすぎていて部品の強度が不足する、設計変更などの場合の予備などに備えて、何も加工をしない工程を設け、ここで対処します。このように何もしない工程をアイドルステージと呼び、順送り型では非常に重要です。

⑥　素材寸法と送りピッチ

展開した製品の外形寸法にさん（キャリア）を付けて材料の切断幅と送り量（ピッチ）を決めます。これにより材料の手配、材料費の計算、金型の大きさなどが決まります。**表4.4**にストリップレイアウトを作成するときの検討内容を示します。

1工程ずつ別に加工をする金型の場合は上記のうち、①、②および⑤は必要ありません。プラスチック成形型の場合は取り数が多い（1つの金型で一度に多くの製品を作る）場合の配置、製品のどの部分からどのように材料を流し込むか、金型をどのように分割し、どのように製品を金型から外すか、などを決めます。

```
製作指示
  ↓
金型の仕様決定
  ↓
金型設計
  ↓
材料および標準部品の手配
  ↓
金型の部品加工
  ↓
仕上げ・組立
  ↓
トライおよびサンプル製作
```

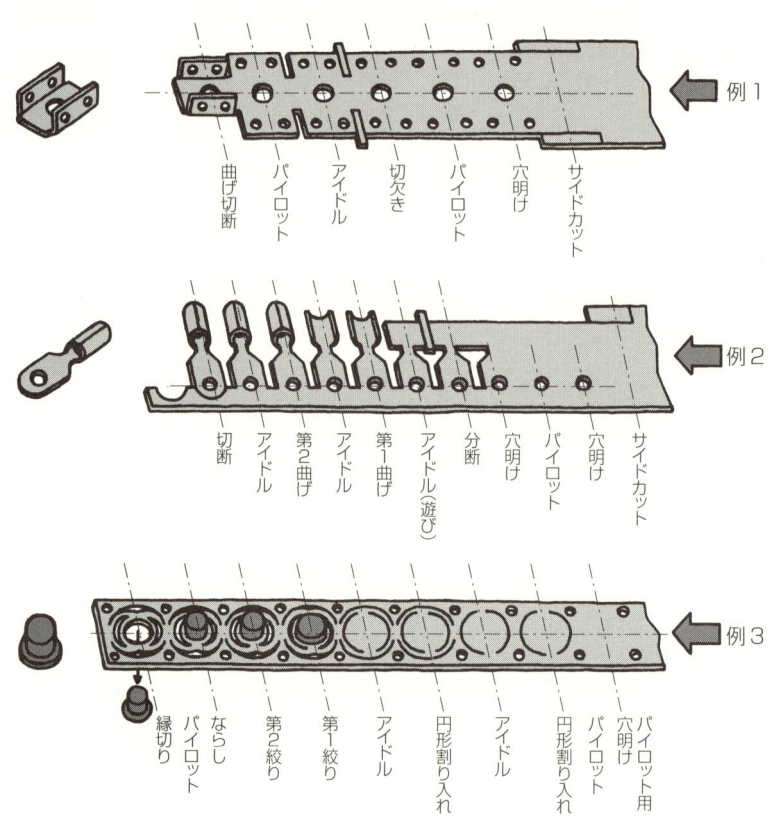

図4.12 順送り型のストリップレイアウトの例

例1の各工程：曲げ切断、パイロット、アイドル、切欠き、パイロット、穴明け、サイドカット

例2の各工程：切断、アイドル、第2曲げ、アイドル、第1曲げ、アイドル(遊び)、分断、穴明け、パイロット、穴明け、パイロット、サイドカット

例3の各工程：縁切り、パイロット、ならし、第2絞り、第1絞り、アイドル、円形割り入れ、アイドル、円形割り入れ、パイロット、穴明け、パイロット用

	例1	例2	例3
①材料とつなぐ位置	製品の中央	製品の端部（円弧部）	円弧状の4カ所
②パイロット穴	製品小穴を利用	製品の穴を利用	製品の外側に2カ所
③途中工程の形状	レイアウト図参照	レイアウト図参照	レイアウト図参照
④加工する方向	上曲げ	上曲げ	上向き絞り
⑤アイドルステージ	1カ所	3カ所	2カ所
⑥材料寸法とピッチ	省　略	省　略	省　略

表4.4 ストリップレイアウト事例の検討内容

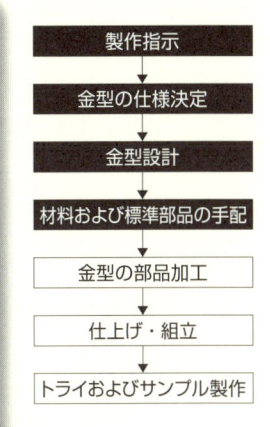

```
製作指示
  ↓
金型の仕様決定
  ↓
金型設計
  ↓
材料および標準部品の手配
  ↓
金型の部品加工
  ↓
仕上げ・組立
  ↓
トライおよびサンプル製作
```

5 組立図の作成

5.1 組立図の構成と表現方法

5.1.1 金型固有の表現

　金型の組立図はJISの機械製図を基本としますが、企業内で金型固有の略画法を用いている場合も多く、必ずしも機械製図その他の日本工業規格（JIS）どおりではありません。

　金型設計は前にも述べたように設計に要した時間と費用を1つの金型のみで回収しなければならず、早く安くが要求されるためです。また、狭い面積に多くの部品が組み込まれているため、すべてを正確に表現しようとするとむしろ見にくくなるのを防ぐことも必要です。金型の組立図は通常の場合、平面図と正面図で示しますが、例外を除き正面図は断面図を用います。これは多くの部品がプレートなどの内部に組み込まれており、外部からは分かりにくいためです。

　金型は上下（可動と固定）の2つがセットになっていますが、組立図

は次のような組み合わせがあります。

① 上下の金型を、それぞれ別々に平面図と断面図を組み合わせて作成する
② 平面図はそれぞれ別に描き、断面図は両方を組み合わせた状態で示す。一般には、②の方法が用いられています（**図4.13**）。

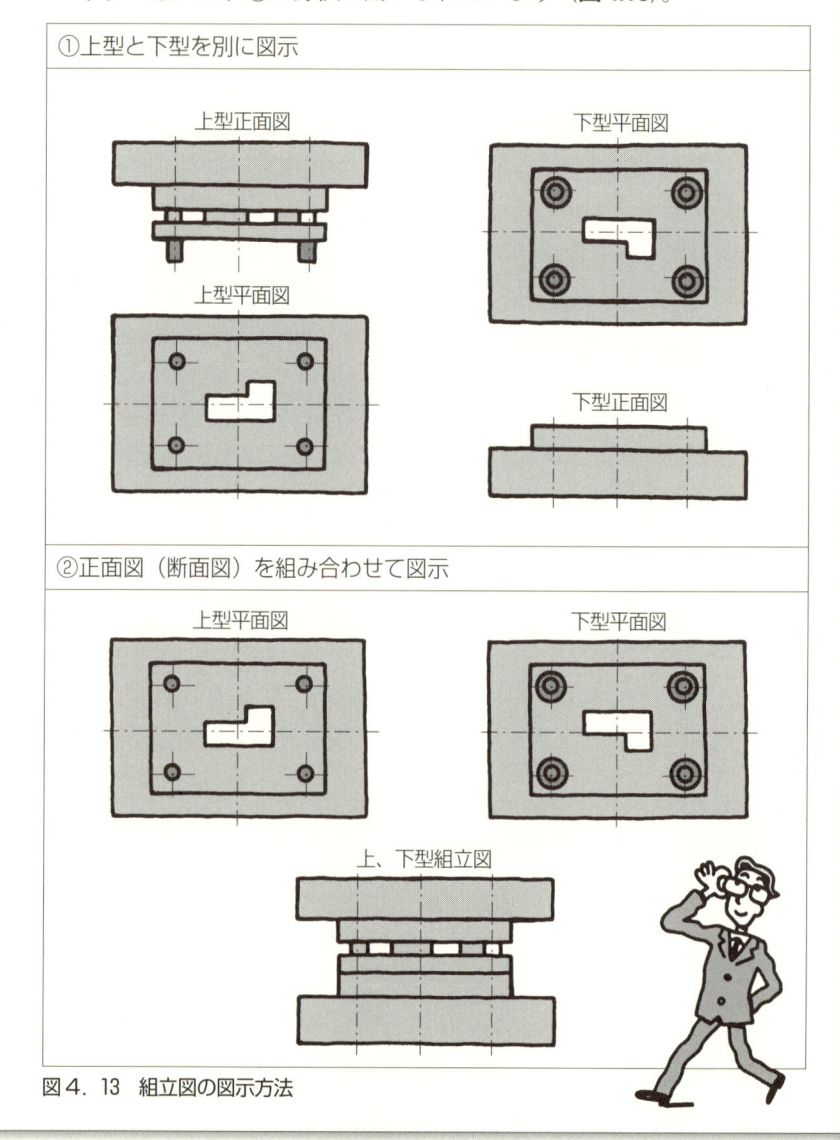

①上型と下型を別に図示

上型正面図

下型平面図

上型平面図

下型正面図

②正面図（断面図）を組み合わせて図示

上型平面図

下型平面図

上、下型組立図

図4.13　組立図の図示方法

5.1.2 金型固有の簡略画法

金型は複雑で多くの部品が組み込まれていますが、これを見やすくし、入力も簡単にするため、次のような簡略画法が多く用いられています。

① ハッチングの省略

組立図の断面図は幾種類もの部品が重なって組み込まれている場合が多く、一般にハッチングは記入しません。ただし部分断面図などでは、ハッチングや網目を使って分かりやすくする場合があります。また、書籍などでは一般の人に分かりやすくしたり、強調をしたい部分にハッチングを入れる場合があります。

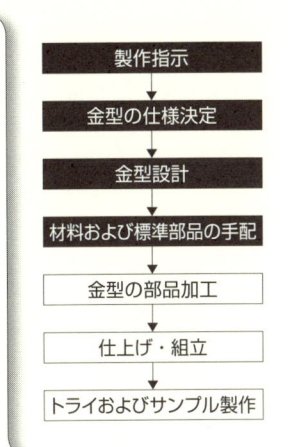

② コイルばねの省略画法

金型には多くのコイルばねが組み込まれており、正確なコイルばねの図面は元より、JISの簡略画法でも面倒なので、図のような金型独特の簡略画法が用いられています（図4.14）。

③ 六角穴付きボルトでの固定

六角穴付きボルトで固定した部分の平面図は、ボルトの外形および六角穴、ざぐり穴、などの実線の他に隠れ線でねじ部の外形、谷の部分、ねじ部の逃がしなどが必要になり、1カ所で5つの円と六角穴が必要になり、処理に時間がかかるうえに見にくくなります。

このためボルトの頭部のみで済ませたり、2～3重の円

図4.14　全型図面でのコイルばねの図示例

のみで済ませる場合が多くあります。また円とシンボルマークを組み合わせてユニット化した場合はマシニングセンタでの加工情報などを持っており、そのままNCデータを作ることができます（**図4.15**）。その他の標準部品も特に丸いものは省略画法が有効です。

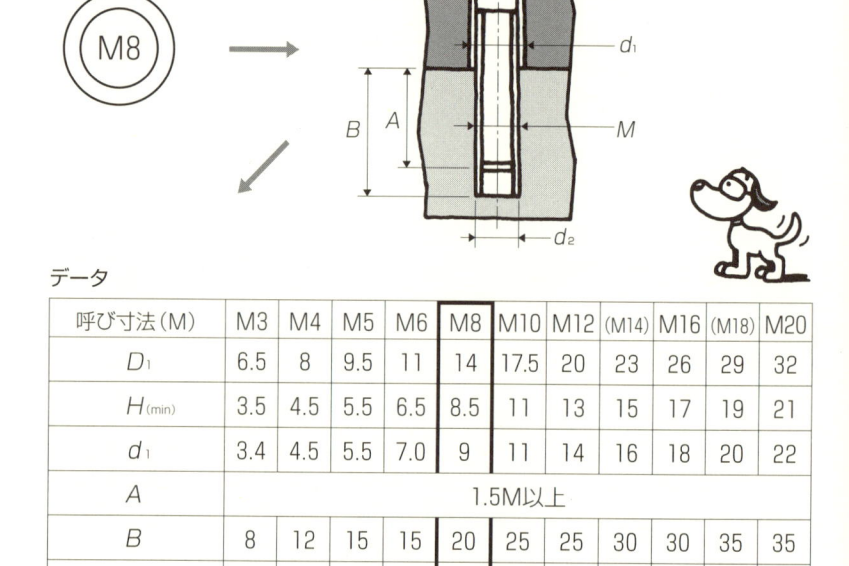

シンボルマーク
（M8の例）

内　容
（意味）

データ

呼び寸法(M)	M3	M4	M5	M6	M8	M10	M12	(M14)	M16	(M18)	M20
D_1	6.5	8	9.5	11	14	17.5	20	23	26	29	32
H(min)	3.5	4.5	5.5	6.5	8.5	11	13	15	17	19	21
d_1	3.4	4.5	5.5	7.0	9	11	14	16	18	20	22
A	1.5M以上										
B	8	12	15	15	20	25	25	30	30	35	35
d_2	2.6	3.4	4.3	5.1	6.8	8.5	10.3	12	14	15.5	17.5

図4.15　シンボルマークとデータを組み合わせた例

④　面取りの省略

　　プレートをはじめ、金型部品の多くは安全、組み込みやすくする、材料を滑りやすくする、などの目的で面取りします。これらの面取りも図面上に記入すると外形または穴が2重に見えて分かりにくいので、別に基準を設けて図面上は線を省略します（**図4.16**）。

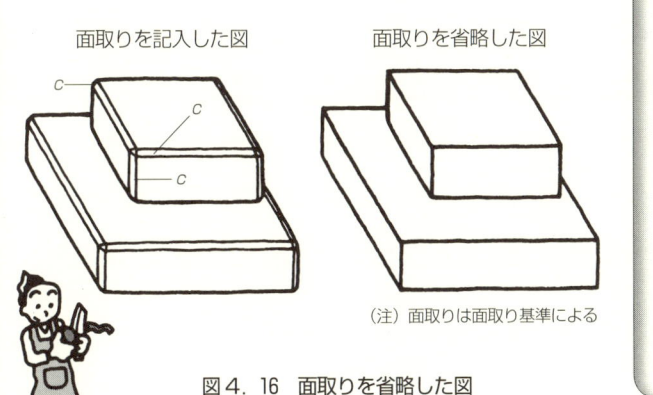

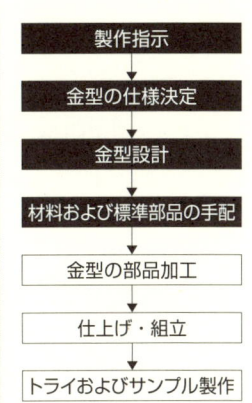

面取りを記入した図　　面取りを省略した図

(注) 面取りは面取り基準による

図4.16　面取りを省略した図

製作指示
↓
金型の仕様決定
↓
金型設計
↓
材料および標準部品の手配
↓
金型の部品加工
↓
仕上げ・組立
↓
トライおよびサンプル製作

⑤　寸法記入

　組立図の平面図での寸法記入は、外形の最大寸法および主要部品の位置などの必要最小限度にします。部品図もNCデータが別に作成してある場合は、参考程度に済ませます。標準部品を利用する場合は、寸法を指定する必要な場所の数値だけを記入します。

⑥　寸法の許容限界（寸法公差）の省略

　すべての部品の寸法の許容差（寸法公差、公差）を記入するのは面倒で、その上見にくいので公差を省略する場合が多くあります。**表4.5**は小数点以下の有効桁数で精度区分をした例です。

寸法の許容限界 （指定公差）	表示方法 （小数点以下の桁数）	表示例	表示例の 寸法許容限界
±0.002	0.000	25.000	24.998〜25.002
±0.01	0.00	25.00	24.99〜25.01
±0.05	0.0	25.0	24.95〜25.05
±0.2	0	25	24.8〜25.2

表4.5　寸法の許容限界の図示例
　　　　小数点以下の桁数で許容限界を指定する例

第4章　金型の設計

5.2
断面図の作成

　金型の断面図は、金型全体の構造のイメージ、およびその中に組み込まれる部品の高さ方向の関係を伝えるものであり、主として部品相互の高さ方向の関係を伝える目的で作成します。このため上型と下型の部品の相互関係を理解するため、一対の金型が組み合わさって製品の加工を完了する瞬間の状態で示すのが一般的です。

　特にばねなどで可動をする部品が、製品を加工する瞬間にどのような状態になっているかは重要です。この状態を正しく保つことから逆算して、個々の部品のオープン状態の寸法を決めます。横方向（X、Y方向）の位置は平面図との相互位置関係が分かればよく、重なって見にくい場合は、部分断面図として別に示します。

5.3
平面図の作成

　金型は上型と下型が合わさる部分で加工をするため、ここに製品の形状に関する多くの情報と部品が組み込まれており、平面図はこの面から見た状態で示します（図4.17）。下型の平面図はそのまま上から見た状態で問題ありませんが、上型は下から覗いた状態になり、下型に対して180°反転した状態になります。

図4. 17　平面を見る方向

　この場合の反転方法には次の2種類があります。

① 下型はそのまま上から見た状態で示し、上型はX軸（横方向の中心線）を中心に、反転をする

　　この場合X方向（左右方向）は同じですが、Y方向（上下方向）は逆になります（**図4.18　A**）。

② 下型はそのまま上から見た状態で示し、上型はY軸（縦の中心線）を中心に反転をする

　　この場合、上型の平面図は下型に対してY方向（上下方向）は同じですが、X方向（左右）は逆になります（**同図B**）。相互の位置関係を知る上で見やすいため、一般的な金型の組立図は①が多く用いられ、順送り型の場合は②が多く用いられます。また上下とも上から見た状態で示すと、上下型とも同一の位置になるため、このような方法も一部で用いられていますが、下型は製品を加工する面が実線になり、上型はその部分が隠れ線になる欠点があります。

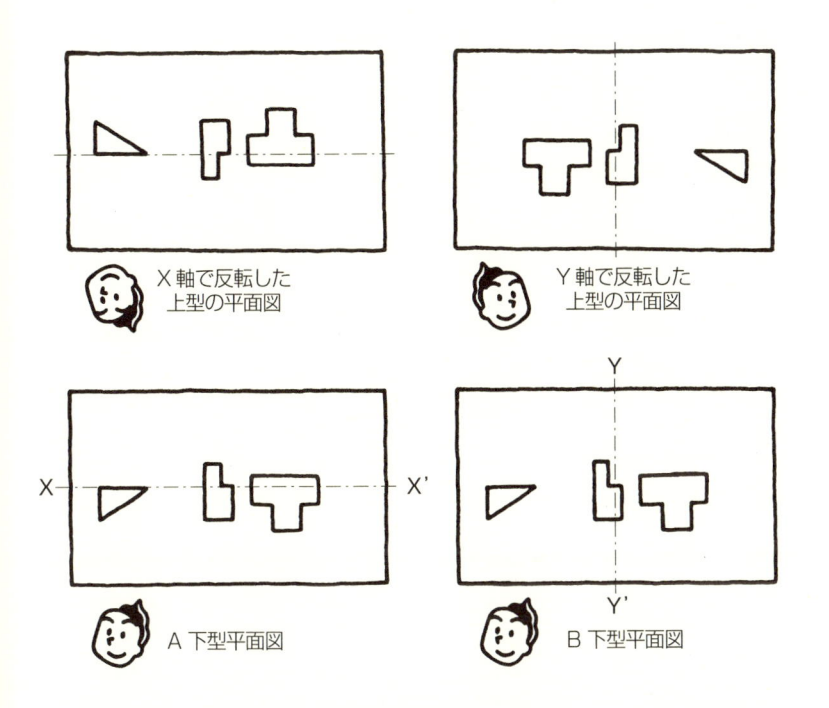

X軸で反転した上型の平面図

Y軸で反転した上型の平面図

A 下型平面図

B 下型平面図

図4.18　上型を反転する場合の回転軸（X軸またはY軸）による図形の変化

6 金型部品の設計

6.1 部品図面の必要性と内容

　金型の部品図は、原則として1つの部品毎に1枚作成します。部品図は次の役割があります。

① 部品を加工する人にとっての製品図
　　部品図を見て部品を加工する。
② NC工作機械での加工データを作る基準
③ 完成した部品の検査と合否の確認
④ 段取りおよび組み立てる人の参考
　　NC工作機械に材料をセットする場合の参考にする他、組み立てる場合に、部品の形状および寸法などを確認する場合に利用します。
⑤ 不具合があった場合の原因と是正の方法を決める
⑥ 保守の場合の部品の修正または新規製作用
　　部品図は部品の形状、寸法の他、必用に応じて公差、面粗さ、面取りなどを指定し、その他に注意事項があれば記入をします。

　表題欄には金型の名称、金型番号、製品名称、設計者および承認、数などを記入します（**図4.19**）。

尺度	投影法	三角法			
製品名			設計	製図	承認
型名			図番		

図4.19　表題欄の例

6.2 金型を構成する部品の機能

金型を構成する部品を機能別に分類すると、次のようになります。

6.2.1 金型全体のベースになる部品
機械のフレームなどに相当する部品で、金型全体を支え、生産する機械に取り付ける部品です。これに様々な部品を取り付けていきます。プレス金型ではパンチホルダおよびダイホルダがこれに相当し、これにガイドポストユニットを組み込んだダイセットが規格化されています。プラスチック用射出成形型では本体（または取り付け板）がそれに相当しますが、モールドベースとして、他の部品と組み合わせてユニット化されています。

6.2.2 製品を直接加工、成形する部品
製品に触れて直接成形するための部品であり、プレス金型ではパンチおよびダイがこれに相当します。プラスチック射出成形金型ではキャビティおよびコアがこれに該当します。これらの部品は、製品の形状および寸法を決める最も重要な部品です。

6.2.3 製品を加工する重要な部品を組み込む部品
製品を加工する部品は高精度に作られていますが、製品を加工するとき、その位置が高い精度で正しく保たれている必要があります。プレス金型ではパンチはパンチプレートに固定し、ダイはダイプレートに組み込みます。ダイが一体のプレートでできている構造の場合は、両方を兼ねています。

6.2.4 製品の位置を決めるための部品
材料、または途中工程の部品を正しい位置に保つための部品として、プレス金型の場合、位置決めピン、ガイドプレート、パイロットパンチ

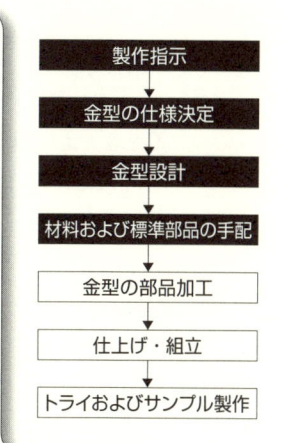

などが用いられます。モールドの場合は特に必要ありません。

6.2.5　金型内の製品およびスクラップを取り出すための部品

　加工後に金型の内部に残る製品を金型から取り外す部品として、プレス金型の場合はストリッパおよびノックアウトなどがあります（第1章の図1.5参照）。射出成形型ではストリッパプレート、エジェクタピンおよびエジェクタプレートなどがあります（第1章の図1.8を参照）。

6.3 金型部品の機能と加工内容の指定

6.3.1　金型部品の機能

　金型の機能（役割）は、金型を構成する各部品が分担をしますが、どの部品にどのような役割をさせるかが部品設計のキーポイントです。また、金型部品の設計は、組立図で描いた構想を、いかに加工部門に伝えるかが、最大の目的ですが、次の事項が重要です。

① 金型部品は組み立てられた後、必要な機能を満たすこと
　　これにより部品の形状、寸法および精度、材質などが決まります。
② 部品の機能を満たしなおかつ、加工がしやすいこと（早く安く加工できること）
③ 組み立てるとき、相互の部品は正しい位置に組み込めること
　　加工後に調整および修正などが必要でないこと。
④ 設計および製図工数を少なくすること
⑤ 材料および購入部品の入手が容易であること

　部品設計者は、このプロセスを知っており、さらに部品の加工工程、使用機械、工具（刃物その他）および加工限界などを知っている必要があります（図4.20）。しかし、これらの内容を標準化し、データ化することで知らない人でも対応が可能です。
　金型部品は金型全体の機能（役割）をそれぞれが分担するものであり、不足する部分があったり、重複する部分がないことが必要です。このた

め、どの役割をどの部品に担当させるかの役割分担をしっかり行います。

金型の機能は、大きく分けて次の2つがあります。

① 製品の形状および寸法を正しく作る
② 機械に取り付けて繰り返し生産でき、トラブルがないこと

```
製作指示
  ↓
金型の仕様決定
  ↓
金型設計
  ↓
材料および標準部品の手配
  ↓
金型の部品加工
  ↓
仕上げ・組立
  ↓
トライおよびサンプル製作
```

```
金型全体の機能
  ↓
金型部品の機能
  ↓
金型部品の部分機能
  ↓
金型部品の面の機能
  ↓
面の加工内容
  ↓
加工に必要な情報
```

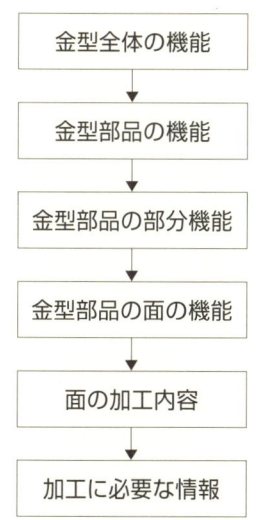

図4.20
金型部品の機能の決定から加工情報までの考え方のプロセス

6.3.2 金型部品の部分機能

金型部品はいくつかの部分に分かれており、それぞれの部分が、部品の機能を分担しています。

例えば**図4.21**のパンチは**図4.22**のようにパンチプレートに固定されますが、①の部分はパンチが抜けるのを防ぐ役割をし、②の部分はパンチを正しい位置に垂直に立てるための基準になる部分です。また、③はプレートに厚入するとき入りやすいように細くした部分であり、④の部分は実際に材料を加工する刃先の部分です。①の抜け止めの機能をねじ止めにすれば頭部の段差をなくし、**図4.23**のようなパンチになります。

この場合、形は変わりますが機能は変わりません。このように金型部

品は、様々な部分機能を組み合わせてできており、それらの部分機能を満たし、なおかつ安く、作りやすい形状、寸法、精度、面の仕上げ程度などを決めます。

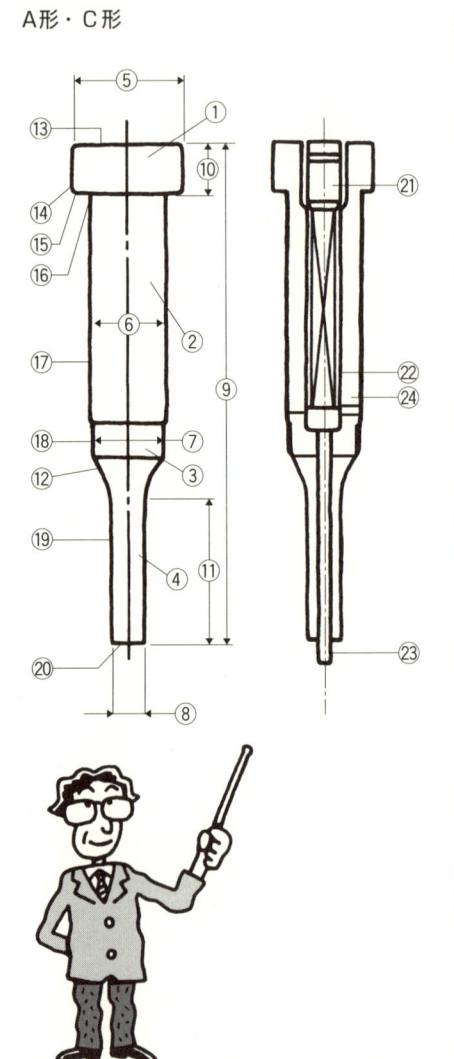

A形・C形

No.	名称	JIS記号
①	頭部	
②	植込み部	
③	圧入指導部または打込案内部	
④	切刃部	
⑤	頭部直径	H
⑥	植込み部軸径または直径	D
⑦	誘導部直径	
⑧	切刃部直径	P
⑨	全長	L
⑩	頭部厚さ	T
⑪	切刃部長さ	B
⑫	切上げ部アールまたはかきあげアール	
⑬	頭部底面	
⑭	頭部ランド面	
⑮	頭部座面	
⑯	頭部肩アール	
⑰	植込み部ランド面	
⑱	誘導部ランド面	
⑲	切刃部ランド面	
⑳	切刃部前面	
㉑	六角穴付き止めねじ(参考)	
㉒	ばね(参考)	
㉓	キッカーピン(参考)	
㉔	キッカーピンロック穴(参考)	

図4.21 丸パンチ各部の名称

図4.22
パンチを固定する例

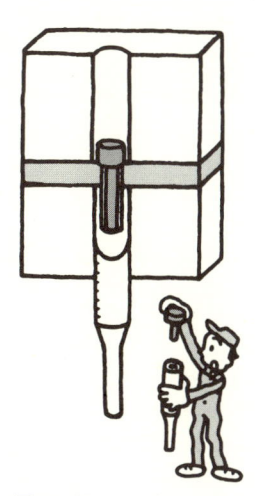

図4.23
ボルトによるパンチの固定

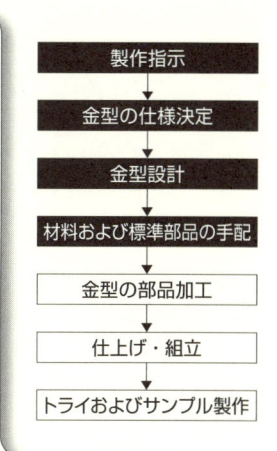

6.3.3 金型部品の面の機能

部品の部分機能が決まるとそれに必要な各面の形状、寸法、面粗さ、公差（精度）およびはめあいの程度などが決まります。一般に製品を加工する面およびスライドする部分の面は面粗さがよいことが必要であり、パンチおよびコアピンなどで段差のある部分は応力集中を防ぐため、滑らかなRでつなぎます。

6.3.4 面を加工する最適な方法

各面は必要な機能に対応した機械加工および仕上げなどが必要になりますが、使用する機械および刃物、加工方法などを考え、最もふさわしい加工方法に合わせた形状にすることが必要です。例えば図4.24のような部品を研削加工しようとすると内部に砥石が入らず、図4.25のように部品を分割する必要が

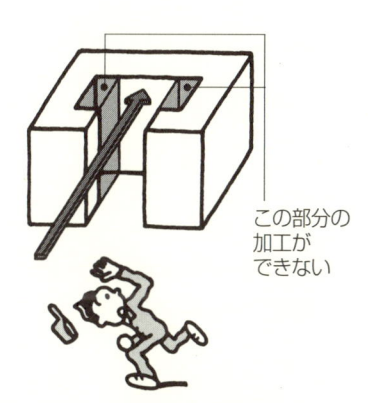

図4.24 一体（加工不可能）
（矢印は砥石の進行方向）

この部分の加工ができない

あります。また、ワイヤ放電加工機は工作物を貫通する直線状のワイヤで加工をするため、図4.26のような底付きの形状や段付きの形状は加工ができませんが、底の部分を分割すれば可能です。

金型製作では、設計の終わった部品をどのように加工するかを検討する専門の技術部門も時間の余裕もありません。このように金型部品の設計はその部品の機能を形に変え、それを加工する方法と組立方法まで設計者が配慮をする必要があります。

図4.25 分割加工可能
（矢印は砥石の進行方向）

これを経験で身につけようとすると膨大な年月が必要ですが、部品の種類をグループ別に分け、代表的な加工方法のデータをパターン化して選択基準を整理するとごく短期間で習得でき、処理ができるようになります。

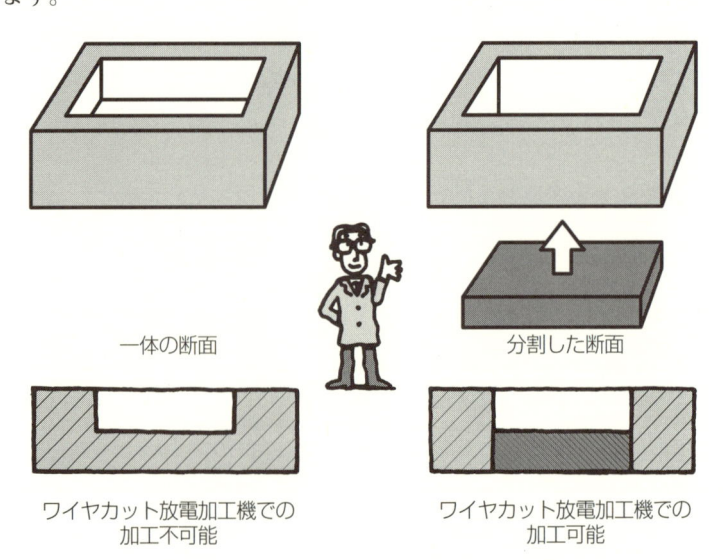

一体の断面　　　　　分割した断面

ワイヤカット放電加工機での加工不可能　　　　ワイヤカット放電加工機での加工可能

図4.26 ワイヤ放電加工機での底付き加工例

6.4
金型に用いられる標準部品

　金型に用いられる標準部品の代表的なものは、日本工業規格（JIS）があり、金型部品工業会も工業会規格を作成しています。JISおよび工業会規格にない部品も、標準部品を販売している業者が、それぞれの豊富な部品を用意してカタログを作成し、販売しています。またこれらの企業は標準部品を追加加工したり、特殊な寸法にも対応してくれます。

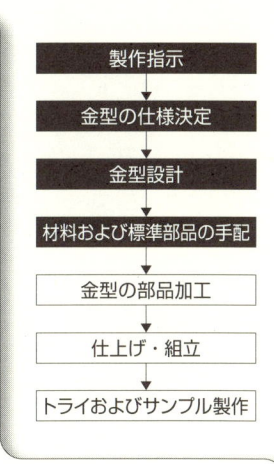

　標準部品は名称、コード番号および必要な部分の数値のみを指定することで部品図を省略することができ、現在では標準部品がなくては金型が作れない、というほど普及しています。市販の標準部品は大部分のものが揃っており、特別な注文にも応じてくれるため、まったく加工機械を持たなくても金型ができるほどです（**図4.26**）。逆に、目的を明確にして有効活用を図る選択が難しいともいえます。

製作指示
↓
金型の仕様決定
↓
金型設計
↓
材料および標準部品の手配
↓
金型の部品加工
↓
仕上げ・組立
↓
トライおよびサンプル製作

図4. 27　金型部品のカタログ（株ミスミ）

7 加工データの作成

設計の終わった部品は、マシニングセンタその他のNC工作機械で加工をするためのデータが必要です。NCデータの作成には、次のような方法が行われています（**表4.6**）。

① 設計図を見ながら、NCデータを作成する専門の担当者が、自動プログラミング装置などを使って作成する（形状情報を再入力する）。
② 設計者はCADで形状情報のみのデータを作り、そのデータを利用して加工側が加工に必要なデータに編集する（設計に使用した形状情報は再利用する）。
［例］機械によって異なる部分の条件変更、ワイヤ放電加工機のワイヤのオフセット量および多数の部品を同時にセットして加工をするときの組み合わせのための編集など。
③ 設計者がCAD/CAMにより、設計と一緒にNCデータを作成する。

単にデータを変換するだけでなく、加工データの作成には図面で指定されている寸法に必要な工具刃物が揃っているか、ない場合はどのように対処をするか、指定された精度を確保するにはどのようにすればよいか、などの応用力も必要です。これらに必要な事項は設計基準として整理しておくと、迷ったり失敗することを防ぐことができます。

システムの種類	設計部門の出力	加工（CAM部門）
①CADおよびCAM 図面出図	型図面のみ出力	CAMで図面を見ながら加工情報作成。図形および寸法を再入力
②CADおよびCAM 形状情報共有	型図面と形状情報を出力	加工情報作成（形状情報のみ設計と共用）
③CAD／CAM	型図面と加工情報を出力	加工データ作成不要

表4.6　CADとCAMの組み合わせと設計の業務内容

図4.28は標準加工形状と呼ばれるもので、穴の種類毎にコード番号をつけ、主要な変数（D_{H6}）を指定すれば、設計とデータ作成を終えることができます。後はCAD/CAM内部で自動的に次の処理を行います。

その他の寸法（D_1、H_1）が決まる→加工工程が決まる→加工条件が決まる→NCデータができる。

製作指示
↓
金型の仕様決定
↓
金型設計
↓
材料および標準部品の手配
↓
金型の部品加工
↓
仕上げ・組立
↓
トライおよびサンプル製作

CAMでのデータ作成の例

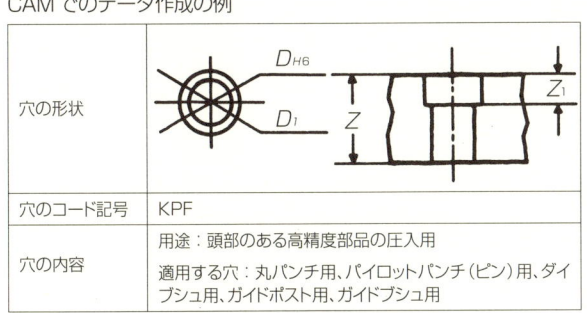

穴の形状	（図）
穴のコード記号	KPF
穴の内容	用途：頭部のある高精度部品の圧入用 適用する穴：丸パンチ用、パイロットパンチ（ピン）用、ダイブシュ用、ガイドポスト用、ガイドブシュ用

丸パンチ固定用の穴（コード番号例：KPF）に必要な加工情報の例

加工工程	工具の種類	回転数	送り量
① センタドリルによる、もみつけ加工			
② ドリルによる穴明け加工			
③ エンドミルによる座ぐり加工			
④ 粗ボーリング（中ぐり）加工			
⑤ 仕上げボーリング（中ぐり）加工			
⑥ リーマによる仕上げ加工			

上記の表に直径別のデータを揃えておけば、CAM用のデータベースからコード（KPF）を呼び出し、変数を指定すれば、加工工程、工具および加工条件などが作成できる
　⑤または⑥を省略する場合もある
注　上記KPFは日本金型部品工業会規格による

図4．28　穴の設計を加工情報につなげた例

8 部品表の作成

部品表は、組立図の部品番号に合わせて、部品番号、部品名、数量、

材質などを記入し、備考欄に必要に応じて熱処理条件、標準部品の場合はコード番号などを記入します。部品表は組立図と一緒に作るのが一般的ですが、設計の最後に作る場合もあります。これは部品設計段階で部品内容を変更することがあるためです。

9 事務処理

9.1 材料手配書の作成と手配

　素材を発注する場合は、材質、寸法、数量、希望納期などを記入した材料手配書を作成し、購買部門などを通じて発注をします。材料は発注から入庫まで日数が必要なので、設計の早い時点で手配をすることが必要です。

9.2 外部の企業へ発注する部品の購入手配書の作成

　市販の標準部品、その他外部の企業から購入する金型部品は、購入のための手配書を作成します。特別注文の場合は部品図を添付します。

9.3 設計用の作業伝票の記入

　設計に要した時間、その他の業務記録を伝票に記入します。

第5章

金型部品の種類と加工

1 金型部品の種類

金型部品は形状および加工内容などから、次の4つのグループに分けられます（**図5.1**）。

① プレート（板状の部品）グループ

多くの金型の構造は各種の板を重ねて作られており、非常に多くの板状の材料が使われています。金型構造、プレート構成などは第1章の図1.5および図1.8を参考にして下さい。

プレートはそのまま使用するもの（生材）と熱処理（焼入れ・焼戻し）をして使用するものに分かれます。熱処理をしないものは、そのまま仕上げ加工まで行い、完成させることができます。熱処理をするものは、熱処理により寸法が変化する、反りなどの歪みを発生する、表面が酸化するなどの問題が発生するため、熱処理後に平面研削をしその後で穴などの仕上げ加工を行います。

金型部品
- 平板部品
- ブロック状部品
- 丸もの部品
- その他の部品

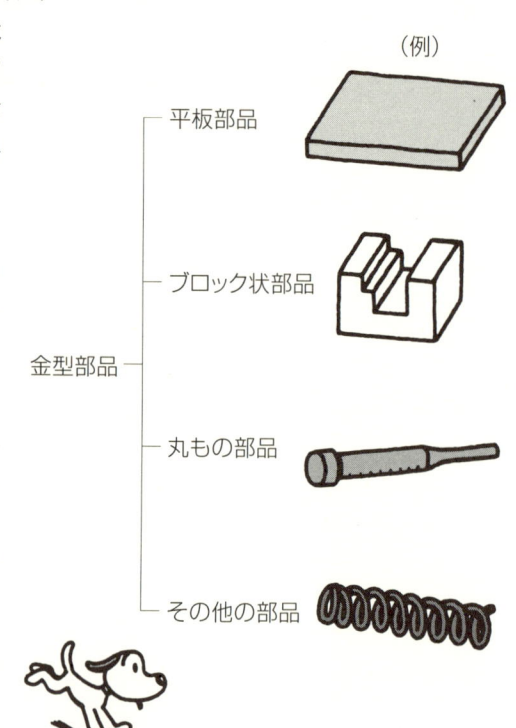

図5.1　加工工程から見た金型部品の区分

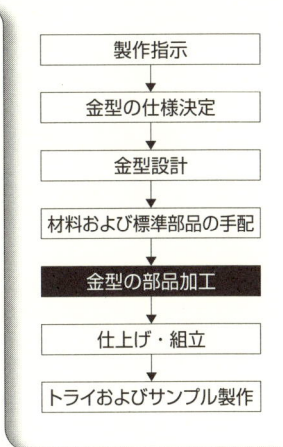

自動車用の大物を成形するプレス金型などは金型毎に鋳造した鋳物が使われ、鋳物を直接加工したものが金型になるため、プレートはあまり多くありません。

② ブロック状の異形部品グループ
　金型は狭いところに非常に多くの部品が組み込まれていますが、これらの部品の多くは外形加工および穴の加工をそのつど行っています。異形の小物部品は、部品の大きさに関係なく、加工工程が多く、手間がかかるため金型費の多くを占める重要な部品です。
　プレス型では、パンチ、ダイおよびストリッパの入れ子（インサート部品）、ノックアウトその他があります（図5.2）。また、ダイカスト型およびプラスチック成形型などのモールドでは入れ子式のキャビティ、コア、スライドコア、ガイドレールその他があります。

③ 丸もの部品グループ
　1つの金型に組み込まれる円筒状の部品は、種類と共に数量が非常に多く、プレス金型の場合、ガイドポストおよびブシュ、ダウエルピン（平行ピン）、丸パンチ、ダイブシュ（円筒状のダイの入れ子）、ガイドリフタ、クッションピンその他があります。モールドではスプルーブシュ、エジェクタピン、アンギュラピンその他があります。

④ その他の部品
　ボルト、ナット、ワッシャ、コイルばね、センサー、配管用パイプその他。これらの大部分は標準部品を購入して使用しています。

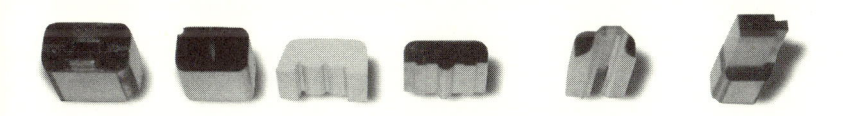

```
製作指示
　↓
金型の仕様決定
　↓
金型設計
　↓
材料および標準部品の手配
　↓
【金型の部品加工】
　↓
仕上げ・組立
　↓
トライおよびサンプル製作
```

図5.2　異形ブロック状部品の例

2 標準部品

2.1 企業分業化

金型部品は標準部品が多く使われており、標準部品を販売する企業も多くあり、これらの多くの企業が図面による特注にも対応しており、加工の企業分業化が進んでいます。

どの加工を社内で行い、どの加工を社外に委託するかで社内の加工機械および加工内容は大きく変わります。市販の標準部品は完成品を購入してそのまま使うものの他、途中工程まで加工をした標準部品も多く、これらを購入してその後の加工を追加して完成させています（図5.3）。

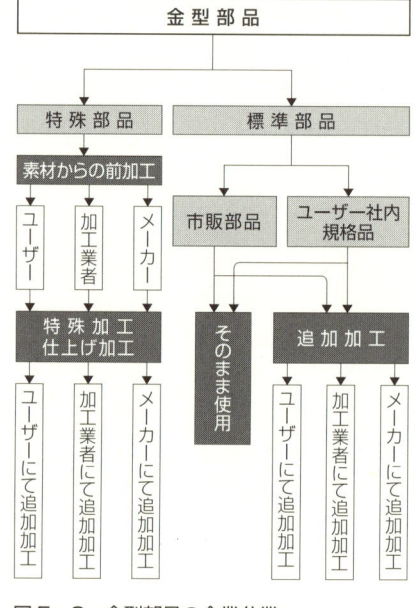

図5.3 金型部品の企業分業

2.2 平面の加工を済ませた部品

① 標準プレート（平板部品）

平板部品はJIS規格にもあり、材質および大きさ別に各種のものが

揃っています。

　上下の平面と基準となる二直角面が平面研削で仕上げられており、内部の切削加工からスタートできます。平板を使う大部分の企業は、仕上げ済みの標準プレートを購入しており、黒皮付きの素材の平面切削は少なくなっています（図5.4）。

```
製作指示
　↓
金型の仕様決定
　↓
金型設計
　↓
材料および標準部品の手配
　↓
金型の部品加工
　↓
仕上げ・組立
　↓
トライおよびサンプル製作
```

図5.4　市販の標準プレートの例

② 仕上げ加工済みのブロック
　これらの部品は六面を切削のみのものと、平面研削盤で仕上げをしたものがあります。

2.3
共通部分を仕上げ加工した丸もの部品

　丸パンチ、ダイブシュ、エジェクタピン、コアピンその他の丸もの部品は共通部分を仕上げておき、先端の刃先部のみを追加工をして用います。

　金型に使用される部品の直径は、原則としてJISの標準数が使われ、互換性とともに相手の穴を加工する刃物も標準のものが使えるようにしています（図5.5）。

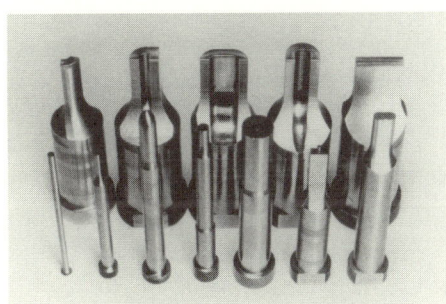

図5.5　標準丸パンチ（市販品）の先端を追加工した部品

2.4 完成状態の部品

　追加加工の必要がないボルト、ダウエルピン、コイルばね、吊りフックなどは完成品を購入して使用します。これらは後で追加加工をすることはありません。

2.5 ユニット部品

　ユニット部品は、一定の機能を満たすため、いくつかの部品を組み立てた状態で市販されており、この状態で金型に組み込むことができます。購入後の加工は、これらの部品を組み込むための固定用の穴の加工などで済ませられます。

① 　プレス型用ダイセット
　　金型のベースになる上型と下型のホルダとガイドポストおよびブシュを組み込んだものであり、この状態で規格化され、市販されています。
② 　プラスチック成形型用モールドベース
　　プラスチック成形型は、モールドベースと呼ばれるユニットが市販されています。
③ 　カムユニット
　　上下方向の移動を水平方向などに変えるカムユニットが市販されており、自動車部品用の金型などに広く使われています（**図5.6**）。
④ 　異常の検出装置（センサーユニット）
　　材料の挿入、製品の取り出しなどに異常があった場合の検出装置のユニット化が市販されています。

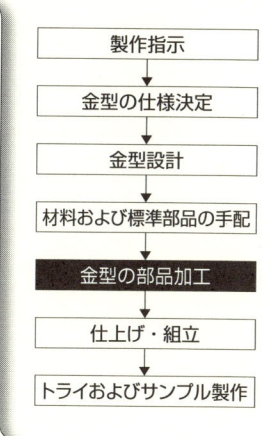

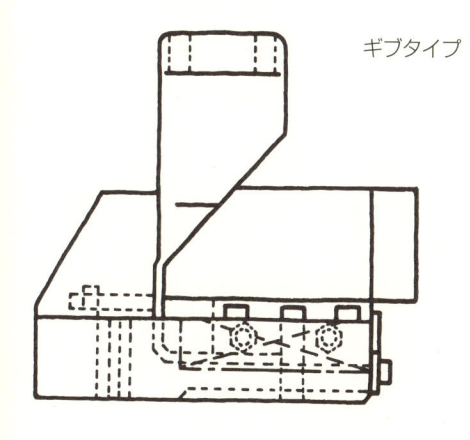

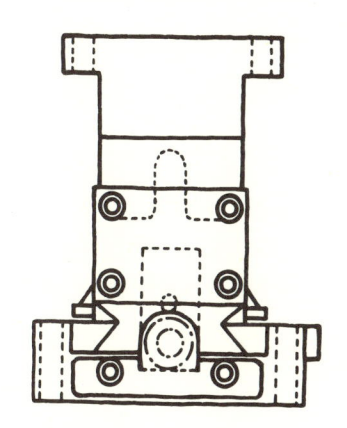

```
製作指示
   ↓
金型の仕様決定
   ↓
金型設計
   ↓
材料および標準部品の手配
   ↓
【金型の部品加工】
   ↓
仕上げ・組立
   ↓
トライおよびサンプル製作
```

第5章 金型部品の種類と加工

ギブタイプ

品番	部品名称	品番	部品名称
①	ベース	⑥	リターンばね
②	カムスライド	⑦	ストッパーボルト
③	カムドライバ	⑧	ギブ調整ボルト
④	ギブプレート	⑨	パンチプレート
⑤	スプリングホルダ		

図5.6 市販のカムユニットの例（日本金型部品工業会規格）

3 金型加工用工作機械と加工内容

3.1 切削加工

　切削加工は刃物で金属を削る加工であり、切り屑（チップ）を発生させながら少しずつ形状を作っていきます。加工用の工作機械は、特に金型専用のものはありませんが、マシニングセンタが最も適しており、中心的な機械になっています。

3.1.1 マシニングセンタ

　金型の切削加工はマシニングセンタが主流であり、切削加工の80％以上を占めていると思われます。マシニングセンタはCNC（コンピュータ制御）工作機械の代表であり、次のような機能を持っているため金型部品の加工には最適です（図5.7）。

① 主軸に刃物を取り付け、切削加工を行う
② 刃物を多数ストックし、これを自動で交換する
③ 任意の位置での穴加工、および自由形状の加工がデータを作るだけで自動的に加工できる
④ 切削条件も指定しておくだけでよい
⑤ 切削油の供給、切りくずの排除などを自動的に行う
⑥ 加工は最初から最後まで無人状態でよく、担当者は熟練を必要としない

　金型部品は穴の加工が多く、1つの金型で数百の穴を明ける場合が珍しくありません。これらの穴は3～6工程要する場合が多く、加工は元より、刃物の移動および交換も膨大になります。これらをほぼ無人状態

で行えるマシニングセンタは、金型加工を画期的に変えた革命的な機械だといえます。

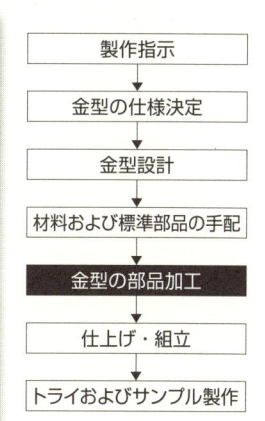

```
製作指示
   ↓
金型の仕様決定
   ↓
金型設計
   ↓
材料および標準部品の手配
   ↓
【金型の部品加工】
   ↓
仕上げ・組立
   ↓
トライおよびサンプル製作
```

マシニングセンタの形式と動き

縦型

横型

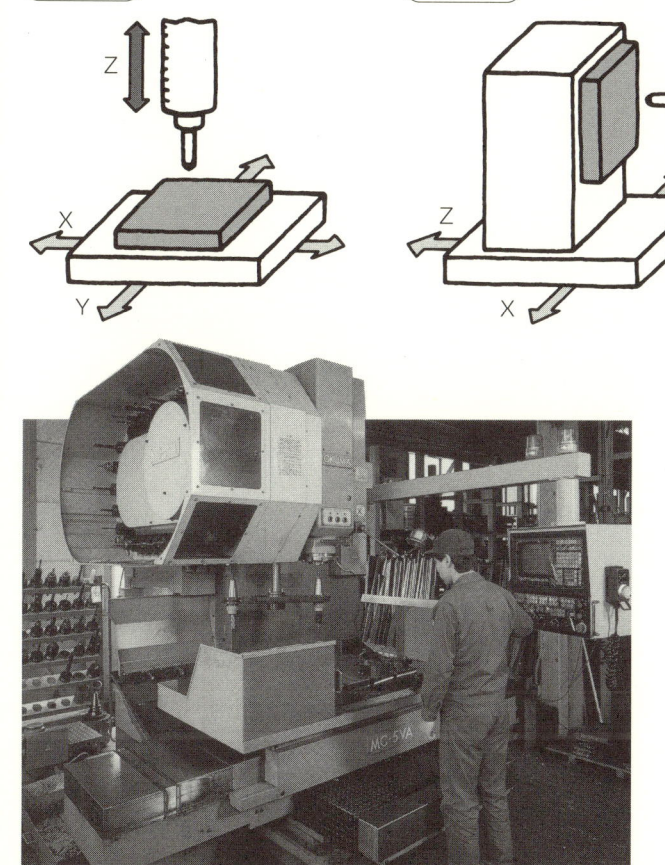

図5.7 マシニングセンタ（縦型）

主な加工内容には、次のようなものがあります。

① 穴明け加工

　金型部品は多くの穴が明けられており、複雑な金型では、500を超える場合があり、このような場合、1つの穴は3工程以上かかるため加工工程では1,500工程を超えます。しかも直径および寸法精度が様々であり、工具交換が自動的にできるマシニングセンタが最適です。

　穴加工に限ればマシニングセンタの比率は90％以上になると思われます。加工内容はドリル加工、エンドミル加工、タッピング、ボーリング、リーミング、面取りなどです。

② 形状加工

　マシニングセンタは、2次元および3次元の形状をNCデータを作成することで、自動加工ができます。しかも、工具の交換も自動でできるため、金型の形状加工に広く用いられています。

　機械と刃物の進歩で、高速化と焼入れ後の加工ができるようになり、高精度の金型も研削加工、および放電加工から切削加工に置き換えられる例も増えています。

3.1.2　刃物とホルダ

刃物としては、次のようなものがあります。

(1)　センタドリル

　ドリル加工の位置決めを正確に行うための、ガイド用の穴を明ける専用の工具です。

(2)　ドリル

　穴を明ける刃物としてすべての穴加工に使われ、種類（直径）も多く使われています。金型の場合、ドリル加工のみの穴は少なく、その後で様々な加工が加わりますが、最初はドリルが使われます。ドリルはドリルチャックまたはコレット式ドリルチャック（ホルダ）などに組み込み、機械本体の主軸に取り付けます（図5.8）。

マシニングセンタでのドリル加工を高能率で行うための冷却、および切り屑の排除などのため、ドリルの先端から切削油を噴出させるものもあります。

(3) エンドミル

エンドミルは大きく分けて、先端が平面のスクエアエンドミルと半球状のボールエンドミルがあり、さらに刃数、材質などで様々なものがあります（図5.9）。

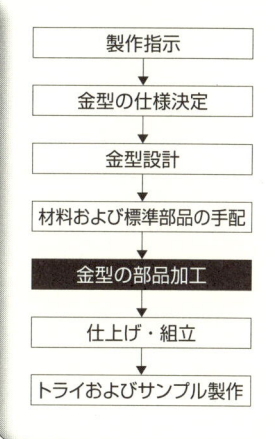

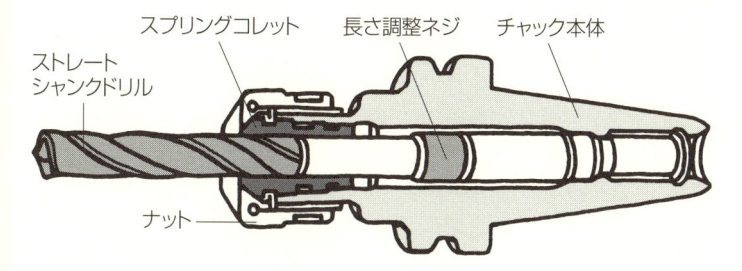

```
製作指示
  ↓
金型の仕様決定
  ↓
金型設計
  ↓
材料および標準部品の手配
  ↓
【金型の部品加工】
  ↓
仕上げ・組立
  ↓
トライおよびサンプル製作
```

図5.8　刃物（ドリル）をホルダ（コレット式ドリルチャック）に取り付けた例

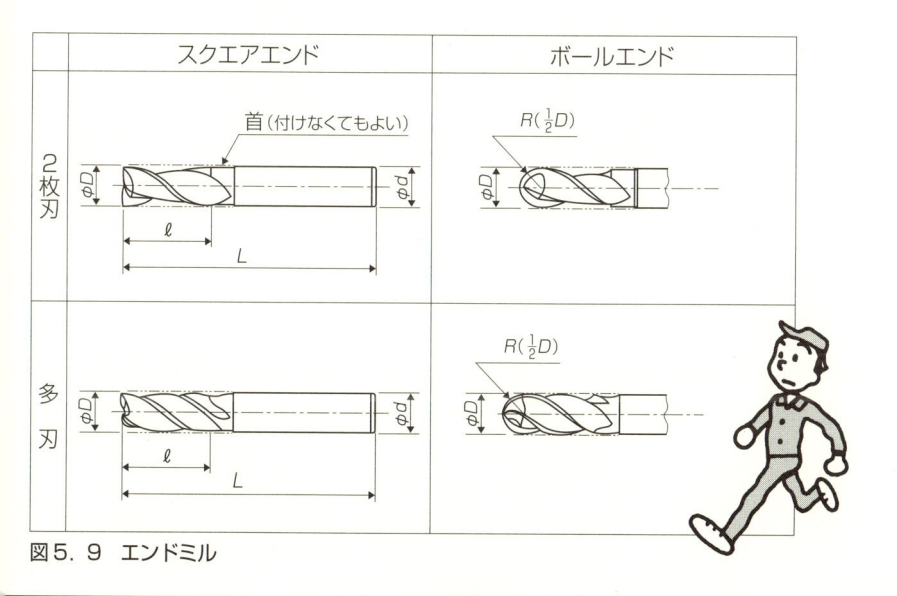

図5.9　エンドミル

金型の切削加工でのエンドミルの用途は広く、加工内容も種類も様々ですが、主な加工内容には次のようなものがあります（**図5.10**）。

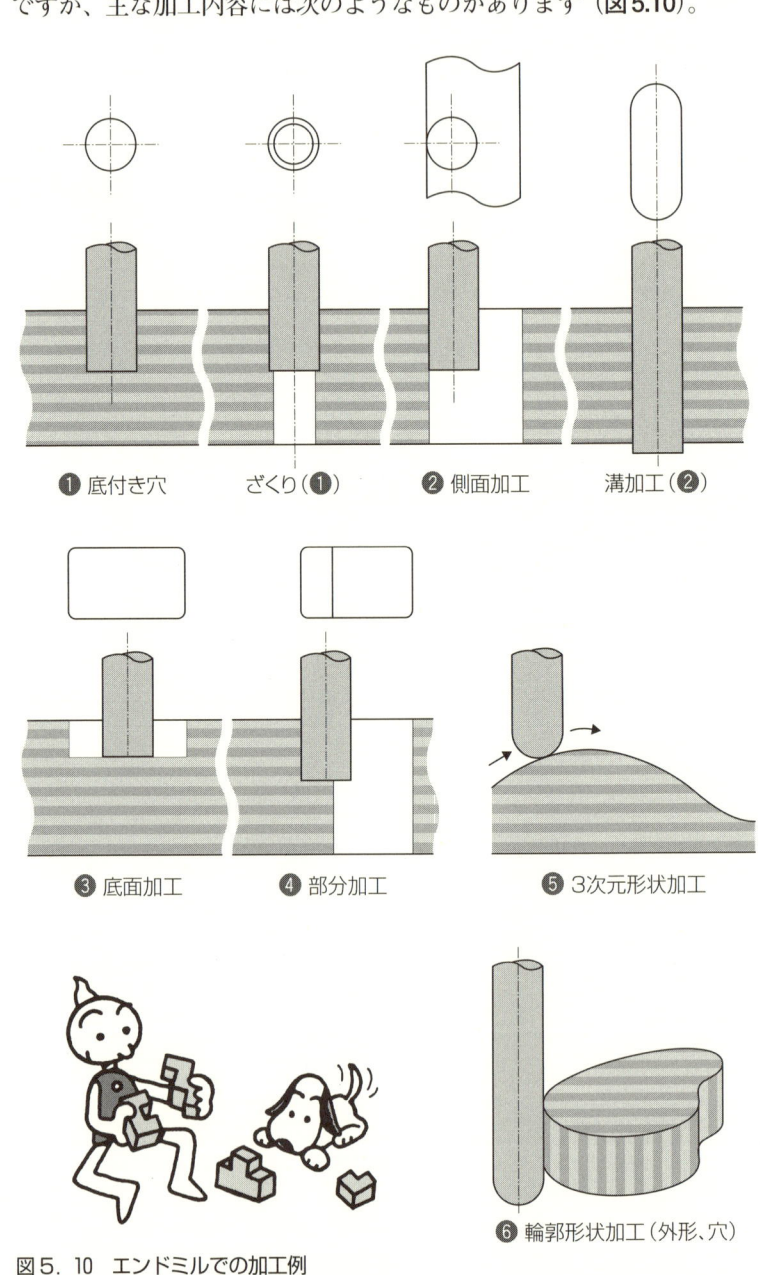

❶ 底付き穴　　ざくり（❶）　　❷ 側面加工　　溝加工（❷）

❸ 底面加工　　❹ 部分加工　　❺ 3次元形状加工

❻ 輪郭形状加工（外形、穴）

図5.10　エンドミルでの加工例

❶ 底付き穴およびざぐり加工
　　六角ボルト沈め穴、パンチその他の段差のある丸もの部品用の穴のざぐり加工をします。
❷ 溝加工および側面の直線加工
　　直線状に溝を加工したり、直線状に側面の加工をします。
❸ 底付きのポケット穴加工
　　他の部品を組み込む底付きの穴加工をします。
❹ 部分的な平面加工
　　段差のある部分的な平面の加工などを行います。
❺ 任意の3次元形状の加工
　　先端が半球状になったボールエンドミルで、滑らかな3次元形状の加工をします。
❻ 穴および外形の輪郭形状加工
　　穴の側面を仕上げ加工するもので、穴の直径を任意の大きさに加工する、任意の形状に加工をします。

```
製作指示
  ↓
金型の仕様決定
  ↓
金型設計
  ↓
材料および標準部品の手配
  ↓
金型の部品加工
  ↓
仕上げ・組立
  ↓
トライおよびサンプル製作
```

(4) リーマ
　　丸穴を精度良く仕上げるため、リーマが用いられます。
(5) タップ
　　金型部品の多くはねじで固定されるため、雌ねじの加工が多くあり、タップが用いられています。
(6) ボーリングバー
　　穴の側面を仕上げる工具であり、穴の寸法精度の向上と共に、穴位置の精度向上、垂直度精度の向上、面粗さの向上、などにも効果があります。マイクロボーリングバーは、直

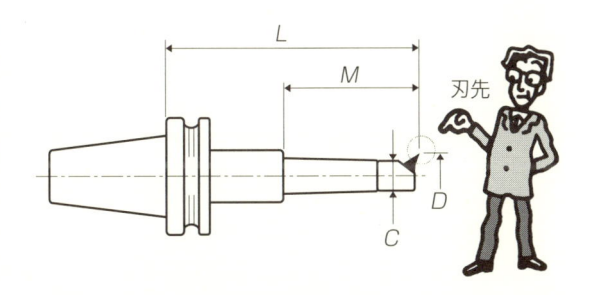

図5.11　マイクロボーリングバー

径の変更と微調整ができますが、無人状態で加工する金型加工の場合は、直径を標準化し、調整をしないようにしています（図5.11）。

(7) その他の刃物および工具

面取り工具

穴の角の部分を45°で面取りをする工具です。大きな穴や丸以外の穴の場合は形状に沿った軌跡で加工をします。

主軸が3万回転以上の高速マシニングセンタは、焼入れした鋼材の切削加工が容易であり、焼入れ後の切削加工も多くなっています。

3.1.3 NCフライス盤および倣いフライス盤

形状加工専門の切削加工機械としてNCフライス盤と倣いフライス盤があります。

NCフライス盤は、工具の自動交換ができないこと以外はマシニングセンタと同じで、NCデータを作るだけで立体的な形状の加工ができます。

倣いフライス盤は、木型などのモデルを作り、これに倣って同じ形状に加工をします。木型で実際の形状を確認してから加工をするため、デザイン性の高い自由形状の加工などに使われています。

これらの機械は厳密な区分がなく、目的に合わせて機能を組み合わせた独自のものも販売されています。

3.1.4 ジグ中ぐり盤（ジグボーラ）

高精度な穴の仕上げ加工を行う専門の機械であり、高い精度が必要なプレートなどの穴の仕上げ加工に用いられています。加工歪みおよび熱の影響を避けるため、マシニングセンタで粗加工を済ませ、冷却と歪み取りの平面研削をした後で加工をします。丸穴加工用の工具はボーリングバーが中心ですが、ドリル加工およびエンドミル加工も行えます。ジグ中ぐり盤もNC機が増えています。

3.1.5 旋盤（普通旋盤およびNC旋盤）

外形が丸い部品の切削加工に広く用いられていますが、一般の企業は標準部品または専門業者に委託する例が多く、加工事例は少なくなっています。

3.1.6 汎用フライス盤、ボール盤、その他

臨時の加工、面取り、追加加工などマシニングセンタを補うものとして部分的に使われています。専門の担当者ではなく、仕上げ部門、およびその他の人が使用する例が一般的です。

3.2 研削加工

```
製作指示
  ↓
金型の仕様決定
  ↓
金型設計
  ↓
材料および標準部品の手配
  ↓
【金型の部品加工】
  ↓
仕上げ・組立
  ↓
トライおよびサンプル製作
```

研削加工は回転する砥石を刃物として削る加工であり、金型加工には次のような機械が使われています。研削加工は単位時間当たりの削り量が少ないので、前工程で取り代を少なくする必要があります。

研削加工は、機械加工の中では最も高精度に加工できる代表的な機械であり、焼入れ済みの鋼材、超硬合金などの加工も容易であり、最終的な仕上げ加工に用いられています。

3.2.1 平面研削盤

プレートの場合は一部の例外を除き、上下の平面はすべて平面研削で仕上げます。平面研削盤は加工液を使用しない乾式と、使用する湿式がありますが、金型加工には湿式が優れています（**図5.12**）。

図5.12 平面研削盤

平面研削盤の主な用途は、次のとおりです。

① 歪み取り
　切削加工による加工歪み、および焼入れによる熱処理歪みの除去などに用いられます。
② 寸法精度の向上
　特に数枚のプレートを並べたり、重ねる構造の場合は厚さの精度が重要であり、高精度に仕上げるため、必ず平面研削盤で研削します。
③ 面粗さの向上
　材料および製品が接触する平面は特に面粗さが重要であり、切削後は平面研削盤で仕上げます。

3.2.2　成形研削盤

　成形研削盤は、主として側面が直線状の形状、および寸法を高精度に成形する場合に用いられます。
　金型加工に用いられる成形研削盤には、次のようなものがあります。

① 平面研削盤に可傾式チャックを取り付け、砥石を成形して加工をする。
② 加工部分を投影機で拡大し、正確に描いた拡大図（マスター図）に合わせてハンドルで砥石を移動し、拡大図どおりの形状に加工をする。砥石は、上下運動をする方式と左右方向に移動をするものがあります（**図5.13**）。
③ NC成形研削盤
　NCデータに合わせた軌跡で任意の形状に工作物を移動させ、データどおりの形状に研削します。砥石が摩耗したり目詰まりをするため、砥石を自動的に再生（ドレッシング）し、補正する機能も備えています。

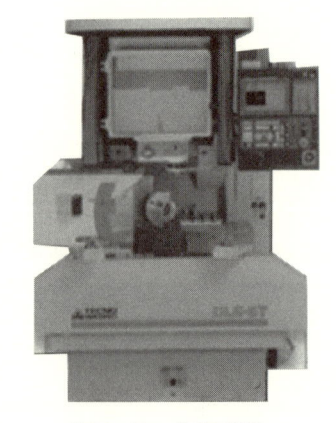

図5.13　成形研削盤

3.2.3 ジグ研削盤（ジググラインダ）

　細い軸付き砥石を高速で回転（自転）させ、この芯をずらせて公転させて、主として焼入れ後の円形の穴の側面を高精度に仕上げるために用いられます。公転をさせず自転のみでテーブルをX,Y方向に移動することで直線の加工もできます（**図5.14**）。NCジグ研削盤は任意の形状の貫通穴および底付き穴、外形などを高精度に仕上げることができます。

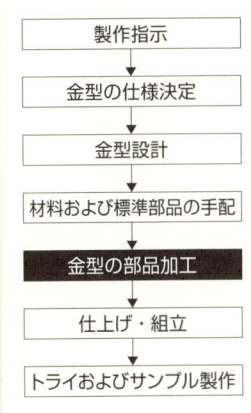

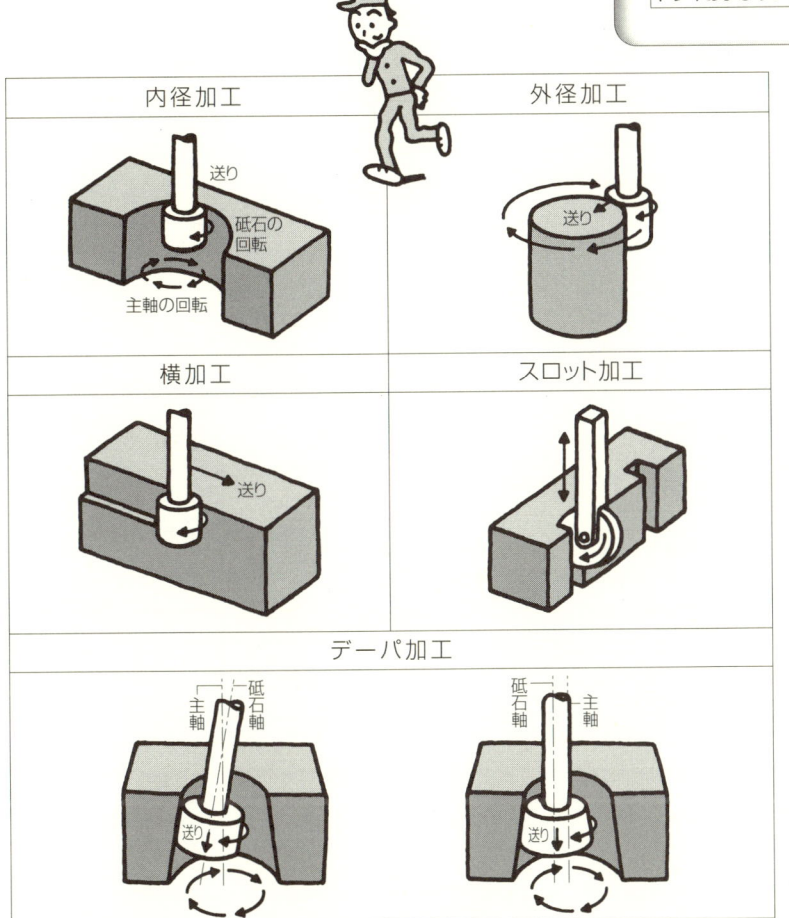

```
製作指示
  ↓
金型の仕様決定
  ↓
金型設計
  ↓
材料および標準部品の手配
  ↓
【金型の部品加工】
  ↓
仕上げ・組立
  ↓
トライおよびサンプル製作
```

図5.14　ジグ研削盤での加工例

（内径加工／外径加工／横加工／スロット加工／テーパ加工）

第5章　金型部品の種類と加工

3.3 放電加工

3.3.1 形彫り放電加工機

　放電加工の原理は、接近した電極と工作物の間を油などで絶縁状態にし、電圧を加えると絶縁が破れて放電することを利用しています。放電時間は非常に短く、断続的に放電を繰り返します。

　放電加工は、工作物の硬さの影響がほとんどないため、焼入れ後の鋼材、超硬合金などの底付き穴の加工に適しています（**図5.15**）。切削加工に比べ深い底付き穴の加工に適しており、モールドに多く用いられています。

　形彫り放電加工機の加工の特徴は、加工したい形状に合わせて作った工具電極で放電加工をすることであり、次のような特徴があります。

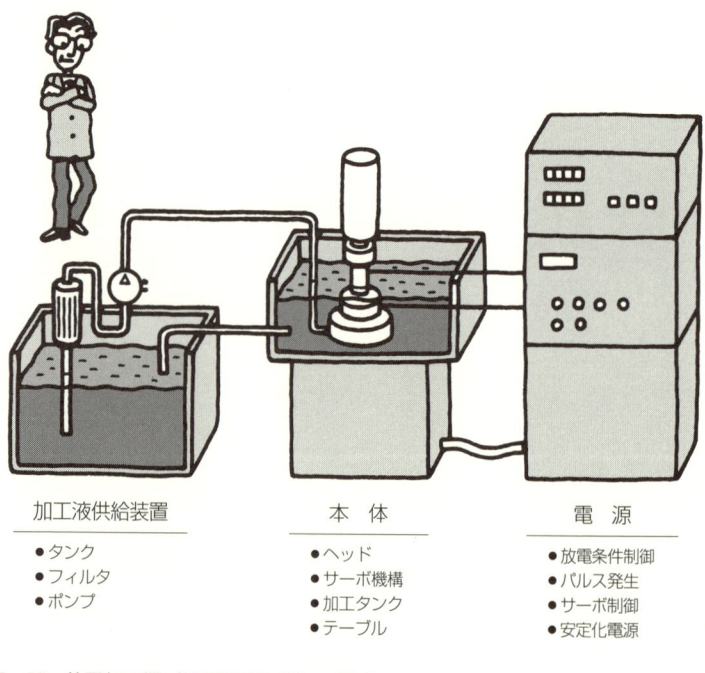

加工液供給装置	本 体	電 源
●タンク	●ヘッド	●放電条件制御
●フィルタ	●サーボ機構	●パルス発生
●ポンプ	●加工タンク	●サーボ制御
	●テーブル	●安定化電源

図5.15　放電加工機（放電形彫り盤）の構成

① 工具電極を任意の形状で加工しておけば、ほぼそれに近い形状が得られる。
（NC形彫り放電加工機は、標準的な電極をNC制御するだけでもよい）
② 底付きの加工ができる。
③ 工作物の材質は、焼入れした鋼材、超硬合金など容易に加工できる。
④ 加工は自動で行われるため、加工中は人手を必要としない。

このため、3次元の複雑な形状が多いモールドで多く使われています。

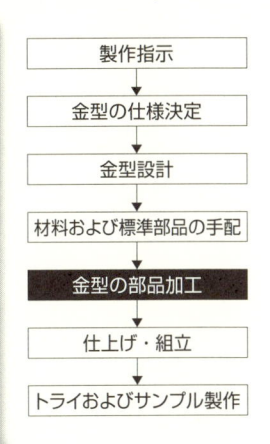

```
製作指示
　↓
金型の仕様決定
　↓
金型設計
　↓
材料および標準部品の手配
　↓
金型の部品加工
　↓
仕上げ・組立
　↓
トライおよびサンプル製作
```

3.3.2　ワイヤ放電加工機

ワイヤ放電加工機は電極となる細いワイヤ（標準は直径が0.2ミリの黄銅線）を繰り出し、相手の工作物との間で放電させて加工をするものです（図5.16）。

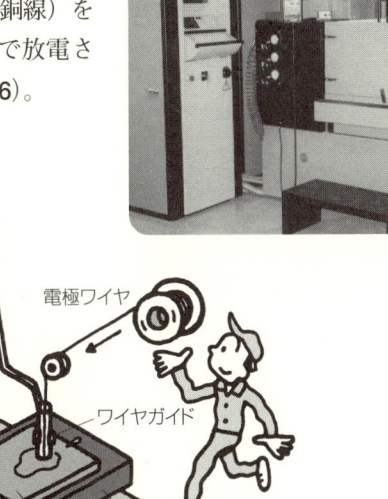

図5.16　ワイヤ放電加工機と加工の原理

形状加工および電気的な制御はほぼ100％NCで制御されており、次のような特徴があります。

① 加工形状用のNCデータを作るだけで任意の形状の加工ができる。
② 細い（0.03～0.05mm）ワイヤを使うことで非常に小さく、複雑な形状を高精度（±1μm）で加工できる。
③ 工具（ワイヤ）が細いので、工作物を一体形状のまま穴加工ができる。
④ 焼入れをした鋼材、超硬合金などの加工が容易。
⑤ 全自動加工のため、長時間の無人加工が容易。
⑥ 担当者は熟練を必要としない。
⑦ 製品に合わせた工具電極が不要。
⑧ 輪郭を線状に切り取る加工なので、消費エネルギーが少ない。

　このため普及が著しく、金型製作ではマシニングセンタと並んで主力の機械であり、金型の生産性と高精度化に貢献しています。ただし、ワイヤが貫通するため底付きの加工はできません。

4 主な部品の加工手順と加工方法

4.1 プレート類の加工手順とその内容

　金型の多くは、長方形のプレートを重ねた構造になっています。これらのプレートの素材から完成までの工程には、次のようなものがあります（図5.17）、（図5.18）。
① 切断
　　鍛造または圧延などで作られた長い素材を、所定の長さに切断しま

す。切断には、帯のこ盤が多く使われています。
② 黒皮削り

鍛造された特殊鋼の表面は凹凸があり、黒く硬い酸化被膜（黒皮）および脱炭層その他の変質層で覆われているので、この部分を削って取り去ります。削り取る量の目安は片側で1.5mm程度であり、フライス盤、マシニングセンタなどが用いられます。

③ 基準面の研削加工

上下の平面と側面の2直角面を、研削加工します。市販の標準プレートはこの状態で販売されています。外形を基準とせず、穴基準で加工を進める場合は側面の研削加工は不要です。

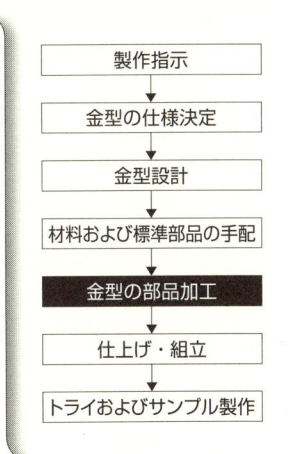

④ 穴および立体的な形状の粗加工

各種の部品を組み込む穴の加工、および段差のある部分の部分加工は縦フライス盤、およびマシニングセンタなどで切削加工をします。熱処理をしないプレートの穴の加工も、複雑な形状のものや狭い溝加工などはマシニング加工の後、ワイヤ放電加工機で加工をしています。

高精度金型の場合は、加工による歪み取りをした後で、再度マシニングセンタで仕上げたり、ジグ中ぐり盤、ワイヤ放電加工機その他の高精度加工機で仕上げます。熱処理をするプレートは、この後でワイヤ放電加工機、ジグ研削盤などで仕上げ加工まで行います。この場合は、ワイヤを通す穴（スタート穴）をマシニングセンタで明けておきます。

⑤ 熱処理

熱処理は焼入れ、焼戻しが中心であり、金型工場では電気炉が多く用いられます。真空炉その他の特殊な熱処理炉を使用する場合は、専門の業者に委託をします。

⑥ 平面研削

熱処理による変質層の除去、熱処理歪みの除去、および厚さを最終寸法に仕上げるために平面研削を行います。

⑦ 穴および形状の高精度加工

ワイヤ放電加工機、ジグ研削盤その他の機械で高精度を必要とする部分の穴および形状の加工を行います。

```
製作指示
   ↓
金型の仕様決定
   ↓
金型設計
   ↓
材料および標準部品の手配
   ↓
【金型の部品加工】
   ↓
仕上げ・組立
   ↓
トライおよびサンプル製作
```

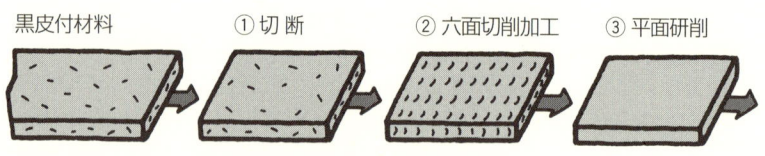

黒皮付材料 → ① 切断 → ② 六面切削加工 → ③ 平面研削

図5.17 プレートの加工事例（熱処理あり）

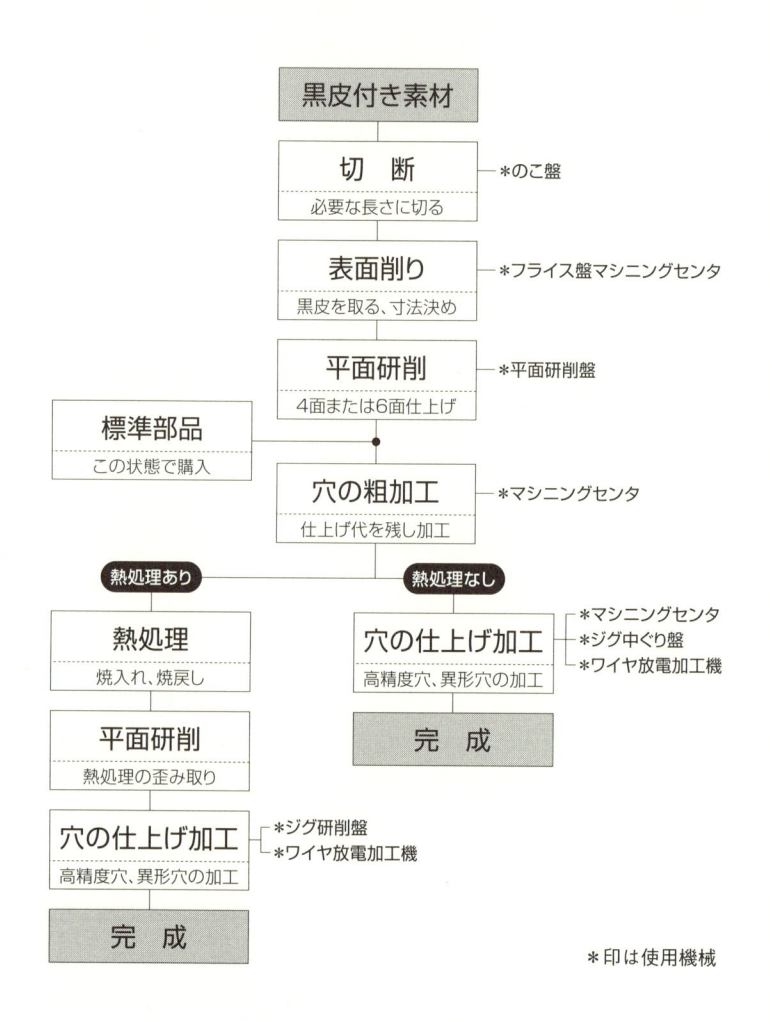

```
黒皮付き素材
    ↓
  切 断              ＊のこ盤
必要な長さに切る
    ↓
 表面削り            ＊フライス盤マシニングセンタ
黒皮を取る、寸法決め
    ↓
 平面研削            ＊平面研削盤
4面または6面仕上げ
    ↓
標準部品 → 穴の粗加工  ＊マシニングセンタ
この状態で購入  仕上げ代を残し加工
    ↓
 [熱処理あり] / [熱処理なし]

[熱処理なし]
穴の仕上げ加工      ＊マシニングセンタ
高精度穴、異形穴の加工 ＊ジグ中ぐり盤
                    ＊ワイヤ放電加工機
   完 成

[熱処理あり]
  熱処理
焼入れ、焼戻し
    ↓
 平面研削
熱処理の歪み取り
    ↓
穴の仕上げ加工      ＊ジグ研削盤
高精度穴、異形穴の加工 ＊ワイヤ放電加工機
   完 成
```

＊印は使用機械

図5.18 プレートの加工工程

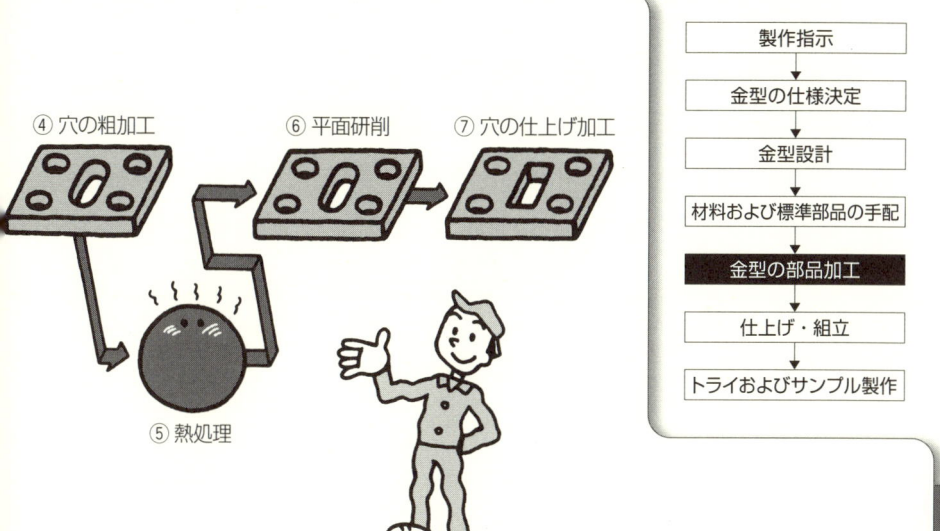

④ 穴の粗加工　⑥ 平面研削　⑦ 穴の仕上げ加工

⑤ 熱処理

製作指示
↓
金型の仕様決定
↓
金型設計
↓
材料および標準部品の手配
↓
金型の部品加工
↓
仕上げ・組立
↓
トライおよびサンプル製作

4.2 異形の小物ブロック状部品の加工手順とその内容

　比較的小さなブロック状部品は、構造物の一部として部品の取り付けその他に利用するものと、製品を加工するための重要部品があります。重要部品としては、プレス金型では製品を加工するためのパンチ、ダイなどの重要な部品があり、モールドでは、インサート用のキャビティおよびコア部品などがあります。

　加工工程は次のようになります（図5.19）。

① 切断
　　素材を帯のこ盤などで所定の大きさに切断します。
② 正六面体（4角のブロック）を作る
　　フライス盤などで六面を切削加工します。
③ 基準面その他の必要な面を平面研削盤で仕上げます。
　　このとき、寸法と合わせ基準面に対する平行度、および直角度を正確に仕上げる必要があります。

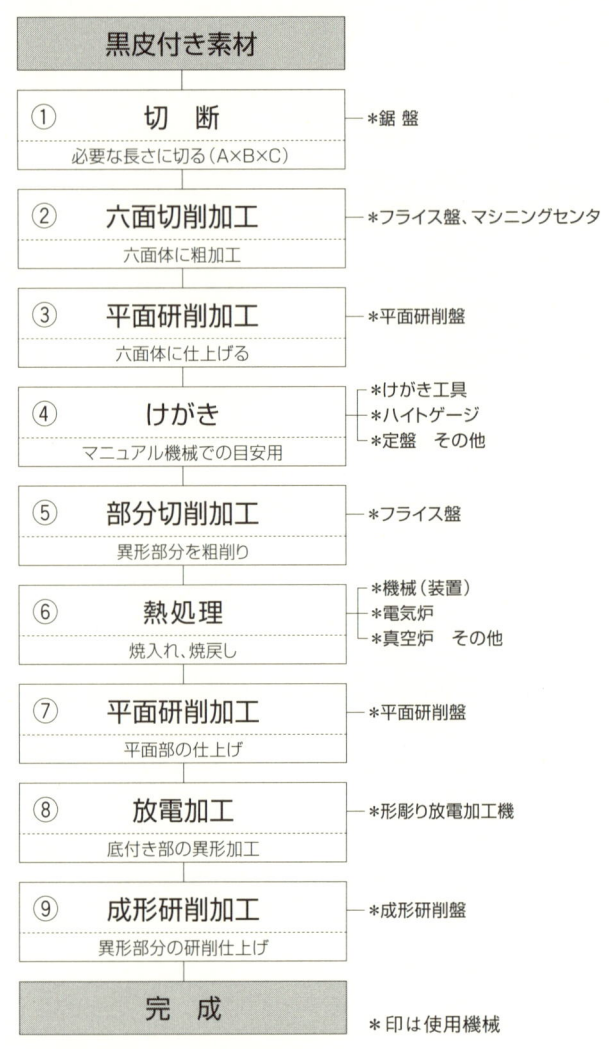

```
          黒皮付き素材
              ↓
   ① 　切　断          ＊鋸盤
   必要な長さに切る(A×B×C)
              ↓
   ② 　六面切削加工      ＊フライス盤、マシニングセンタ
   六面体に粗加工
              ↓
   ③ 　平面研削加工      ＊平面研削盤
   六面体に仕上げる
              ↓
   ④ 　けがき           ＊けがき工具
                        ＊ハイトゲージ
   マニュアル機械での目安用  ＊定盤　その他
              ↓
   ⑤ 　部分切削加工      ＊フライス盤
   異形部分を粗削り
              ↓
   ⑥ 　熱処理            ＊機械（装置）
                        ＊電気炉
   焼入れ、焼戻し         ＊真空炉　その他
              ↓
   ⑦ 　平面研削加工      ＊平面研削盤
   平面部の仕上げ
              ↓
   ⑧ 　放電加工          ＊形彫り放電加工機
   底付き部の異形加工
              ↓
   ⑨ 　成形研削加工      ＊成形研削盤
   異形部分の研削仕上げ
              ↓
          完　成          ＊印は使用機械
```

図5.19　一般的なブロック状部品の加工例

④　けがき

　　マニュアル機械で加工をするときの目印の線を付けたり、センタポンチでドリル案内用の印を付けます。NC工作機械では、この作業は必要ありません。

⑤　部分形状加工

　　部分的な形状、および穴の加工をします。熱処理をするものは仕上

げ代を残し、ワイヤ放電加工の場合はスタート穴を明けておきます。

⑥ 熱処理

　熱処理が必要な部品は焼き入れ、焼き戻しをします。

⑦ 仕上げ加工

　成形研削盤、ジグ研削盤、およびワイヤ放電加工機などで最終的な形状、および寸法に仕上げます。高精度に仕上げるためには、外形および穴などの形状精度、基準面からの位置精度および垂直精度の3つが重要です。図5.20に④以降の加工事例を示します。

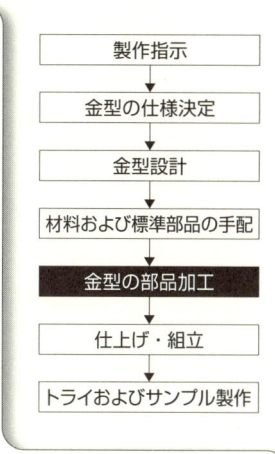

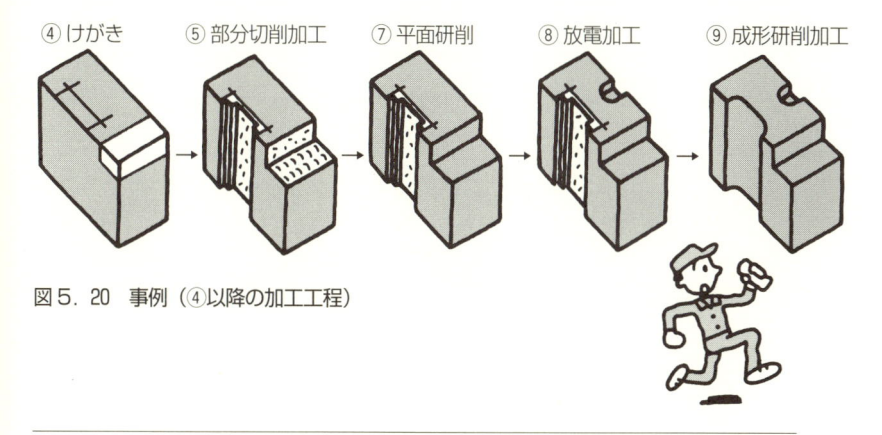

```
製作指示
　↓
金型の仕様決定
　↓
金型設計
　↓
材料および標準部品の手配
　↓
金型の部品加工
　↓
仕上げ・組立
　↓
トライおよびサンプル製作
```

④けがき　⑤部分切削加工　⑦平面研削　⑧放電加工　⑨成形研削加工

図5.20　事例（④以降の加工工程）

4.3 丸もの部品

外形が円形の部品は、図5.21のような工程で加工をします。

① 旋盤加工

　丸い棒状の素材を旋盤で加工し、所定の形状および寸法に仕上げます。熱処理をしないもの、および高精度を必要としない部品はこれで完成します。熱処理をするものは、仕上げ代を付けて外径は大きめ、内径は小さめに作っておきます。仕上げ加工を円筒研削盤で行う場合

は、直径が細い場合は、端面にセンター用の穴およびチャックでの掴み代が必要です。
② 熱処理
熱処理炉で焼入れおよび焼戻しを行います。
③ 円筒研削盤で仕上げ加工
円筒研削盤にセンターおよびチャックで固定し、研削加工をします。
④ 不要部分の切断および長さの仕上げ
円筒研削加工のために付けた余分な部分を切断砥石その他で切断し、平面研削盤で長さを整えます。

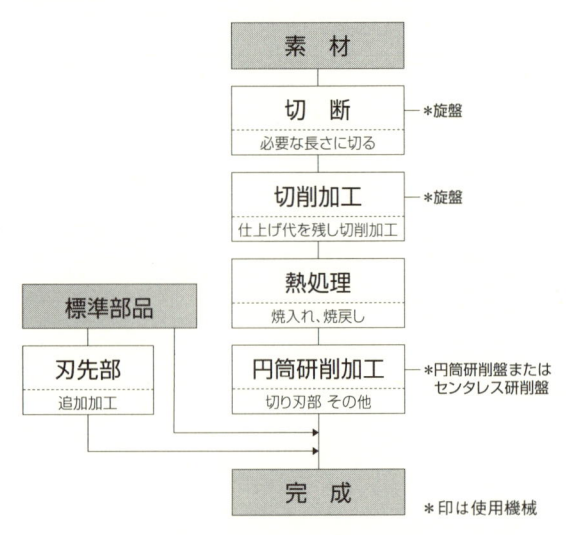

```
            ┌─────────┐
            │  素 材  │
            └────┬────┘
                 ▼
            ┌─────────┐
            │  切 断  │ ＊旋盤
            │必要な長さに切る│
            └────┬────┘
                 ▼
            ┌─────────┐
            │ 切削加工 │ ＊旋盤
            │仕上げ代を残し切削加工│
            └────┬────┘
                 ▼
            ┌─────────┐
            │  熱処理 │
            │焼入れ、焼戻し│
  ┌──────┐  └────┬────┘
  │標準部品│       ▼
  └───┬──┘  ┌─────────┐
      │     │円筒研削加工│ ＊円筒研削盤または
  ┌───▼──┐ │切り刃部 その他│  センタレス研削盤
  │ 刃先部│ └────┬────┘
  │ 追加加工│     │
  └───┬──┘      │
      └──────┬───┘
             ▼
        ┌─────────┐
        │  完 成  │  ＊印は使用機械
        └─────────┘
```

図5.21 丸もの部品の加工工程（丸パンチの例）

4.4
大物異形部品

自動車のボディを成形するような大きな金型の場合、パンチおよびダイなどは、鋳造した素材を加工して作ります（**図5.22**）。

鋳造方法はフルモールドと呼ばれ、発泡スチロールで型を作り、これを砂の中に埋めて砂型を作ります。この中に溶けた鋳鉄を流し込むと発

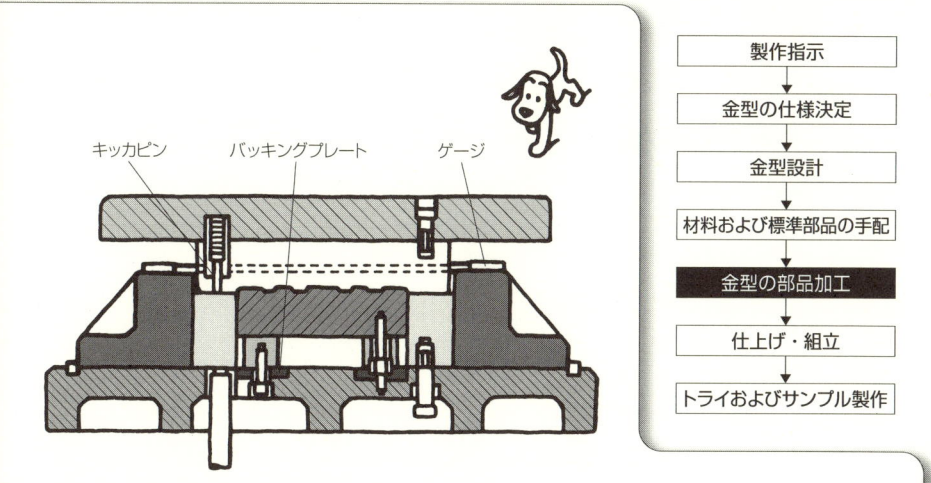

図5.22 鋳物製の大物加工用金型

（図中ラベル：キッカピン、バッキングプレート、ゲージ）

（フローチャート：製作指示 → 金型の仕様決定 → 金型設計 → 材料および標準部品の手配 → **金型の部品加工** → 仕上げ・組立 → トライおよびサンプル製作）

泡スチロールが燃えてガスになり、その空間に鋳鉄が充填されます。これを冷やした後に切削加工をします。3次元の自由形状を加工するには次のような方法があります。

① 木型で形状モデルを作り、この形状に沿って倣いフライス盤で加工をする

　倣いフライス盤は同時に動く部分に、木型の形状に沿って倣う装置と刃物を取り付ける主軸を付け、モデルの形状のとおりに刃物の部分も動き、加工をします。

② 形状モデルを測定し、形状データに変える

　クレイモデル（粘土で作った型）を3次元測定機で測定し、コンピュータでデータ処理をして、3次元形状情報を作ります。このデータをNCフライス盤またはマシニングセンタに入力し、モデルどおりの形状加工をします。

③ CAD/CAMで3次元の形状情報を作成し、マシニングセンタなどで加工をする

　物としての形状モデルを作成せず、データのみで3次元の自由形状が加工できるので「モデルレス加工」などとも呼ばれています。モデルを作成する費用の削減と製作期間の短縮が可能であり、形状変更も容易です。

4.5 その他の加工

　一般的な機械加工を終わった金型部品は面取りをします。
面取りの目的は次のとおりです。

① 　加工した角の部分のバリ取り
　　切削および研削をした角の部分は切削バリおよび研削バリが残っており、高精度な金型にはそのままでは組立に支障があります。

② 　安全のため
　　角の部分が鋭いと金型を組み立てたり、使用するときに触って怪我をする心配があります。このため手が触れる危険のある外周の部分は45°またはRで面取りをします。

③ 　部品と部品の隙間をなくし密着させる
　　90°に交わる角の部分は、切削、研削放電加工を問わず凸形状の場合は鋭角になり、溝や座ぐり面など凹形状の奥の部分は鋭角に加工をするのが困難です。このような溝に部品を組み込むと角が当たり浮いてしまいます。これを避けるため、凸形状の角に面取りをする必要があります。

　マシニングセンタの場合は面取りも同時に行うこともできますが、他の加工の場合は別に面取り加工が必要です。この場合の面取りの方法には面取り専用の機械による加工の他、ハンドグラインダなどを使った手加工が広く行われています。

第 6 章

金型の仕上げおよび組立作業

1 仕上げおよび組立作業について

　一般に金型製作は、設計、機械加工および仕上げ・組立の3部門に分かれ、分業化されています。CAD/CAM、NC工作機械などがなかった昔の金型製作は、仕上げ・組立を行う人が主役で、簡単な金型の設計から、工作機械での加工および仕上げ・組立のすべてができる人を金型製作者と呼んでいました。

　このため多くの専門知識、経験および高度な熟練を必要とし、一人前の金型製作者になるには長い年月が必要でした。今でも機械加工は補助的で、仕上げ・組立の担当者が主役のような企業も多く残っていますが、今後は設計が信頼性の高い設計をし、機械加工で精度を保証し、仕上げ・組立は簡略化が進むものと思われます。

図6.1　仕上げ・組立担当者は多能工。いろいろな知識と技能が必要

しかし、仕上げ・組立部門の職務内容は曖昧で、設計および専門的な機械加工以外はすべて、仕上げ・組立部門が行っており、「その他部門」と呼べるほど企業によって仕上げ部門の業務内容は様々です（図6.1）。例えば平面研削盤、汎用フライス盤および卓上ボール盤などは仕上げ部門が使用する例が多く、面取り加工などもこの部門が行っている例が多くあります。

国で認定をする技能検定の職種に「金型製作」があり、その中にプレス金型製作作業とプラスチック金型製作作業がありますが、試験の内容は、部品の機械加工、仕上げ・組立、試し加工と不具合の是正、製品の確認などが含まれています。

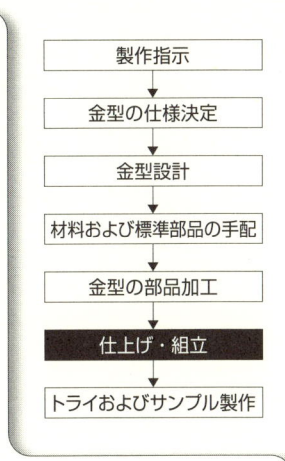

いずれにしろ現在多くの企業の金型製作において、仕上げ・組立の担当者は多能工であることと、多方面の知識および技能が求められています。仕上げ・組立部門での作業を一層困難にしているものに、次のような不具合（トラブル、調整性および修正作業など）の発生と、是正などの不正規作業があります（図6.2）。

① 金型仕様書の不備
　　金型を使用する、顧客の要求条件を満たしていない。品質、生産性、機械への取り付けなどでずれが生じた場合、金型が完成した後で是正処置が必要になります。
② 設計ミス
　　設計者の記入（入力）漏れ、記入（入力）間違い、計算違い、勘違いなどで起こる不具合です。
③ 設計者および設計部門の技術、および情報不足
　　設計段階で完全に読み切れない部分、不確実な部分を推定で決めたための不具合です。
④ データの不備
　　間違っているデータを使用したため、などの不具合です。
⑤ 加工ミス
　　加工漏れ、勘違い、図面およびデータの読み間違い、NC工作機械の条件設定、その他のミスで発生した不具合です。

⑥ 加工の精度不足
　　段取り時の位置決め不完全、工具の摩耗、操作の技能不足などで発生した不具合です。
⑦ 設計担当者と加工担当者間の誤解、解釈の相違
⑧ その他、連絡忘れ、手配漏れ、設計変更など
　　不明確な点を曖昧なまま作業を進めた結果、発生する不具合です。

```
                加工ミス        データの不備
                      段取り不良      入力ミス
  仕様書の不備   連絡ミス   情報不足   手配ミス・手配漏れ
         製品の設計変更  機械加工の精度不良  設計ミス

         ┌─────────────────────────────────┐
         │ 仕上げ・組立部門の調整および修正作業 │
         └─────────────────────────────────┘
```

図6.2　仕上げ・組立部門での不正規作業の原因

　これらの不具合はすべて仕上げ部門にしわ寄せされ、何らかの是正処置が必要になります。不具合の是正は、正規の手続きを経て設計変更、および再加工などが望ましいのですが、時間（納期）とコストの両面から、仕上げ部門に処置が任される例も多くあります。
　また、不具合が発見されずに組立を終わり、試し加工後に発見され、ここから調整および修正が行われ、再トライ、再修正と繰り返されることもあります。このようなときも汎用工作機械での追加加工、手仕上げによる形状および寸法の修正作業が必要です。

| 用語ミニ解説 |

面取り ………角の稜線が鋭角になっている場合、この部分を45°または円形にすることで、触っても怪我をしないためなどの目的で行う。

リーマ作業……ドリルなどで明けた丸い穴は、そのままでは寸法精度および面粗さが悪いので、リーマと呼ばれる刃物を使って薄く削って仕上げる加工。

バリ取り………切削および研削加工で、刃物が材料から離れるときに材料の一部が小さく出っ張る部分をバリと言い、これを取る作業。バリはこの他、プレス加工の打抜き部、プラスチック成形などのモールドの場合は金型の隙間などにも発生する。

タップ立て……めねじを加工する刃物（タップ）を用いてねじ切りをする。

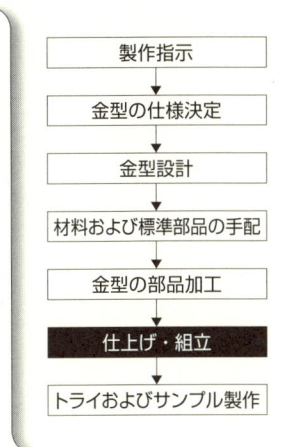

```
製作指示
   ↓
金型の仕様決定
   ↓
金型設計
   ↓
材料および標準部品の手配
   ↓
金型の部品加工
   ↓
【仕上げ・組立】
   ↓
トライおよびサンプル製作
```

第6章　金型の仕上げおよび組立作業

2　部品の確認

　機械加工の済んだ金型部品および購入部品などは、必要な部品が揃っているかの確認、形状および寸法に問題がないかの品質の確認などが必要です。これらを専門の生産管理、および品質管理部門などで行われる例もありますが、大部分の企業では、金型毎の組立担当者が確認をしています。

　しかし工具顕微鏡、3次元測定機など高精度で専門的な測定機での測定が必要な部分は、検査部門が測定を行います。この場合も最終的な合否の判定と使用するか否かの判断は、組立部門に任されている場合も多くあります。組立に数日かかる場合は、計画に従って、必要なときに必要な部品が間に合うかのスケジュール管理が必要です。

3 仕上げ作業

　金型製作における手仕上げの内容は、企業の金型製作システム、金型の種類、組織と職務分掌、外部企業への加工、その他の依頼内容などで様々ですが、代表的な内容には次のようなものがあります。

① 面取り

　面取り加工が、仕上げ・組立部門の担当になっている場合は、面取り加工を行います。仕上げ部門での面取りは、ボール盤、縦フライス盤などの汎用工作機械および手加工が中心になります。

　面取り作業は次の区分をしっかり確認して行います（図6.3）。
○面取りをしてはいけない部分（ダイの刃先など鋭角が必要な部分）
　　この部分を面取りすると、その部品は使えなくなるか、大きな修理が必要です。
○小さな面取りをする部分（部品相互の組立のために行う部分）
○大きめの面取りをする部分（安全のために行うプレートの角の部分など）
　　安全のためにはC3以上の大きさが必要です。手加工の場合はエアーグラインダ、ディスクグラインダ、やすりなどが使われます。

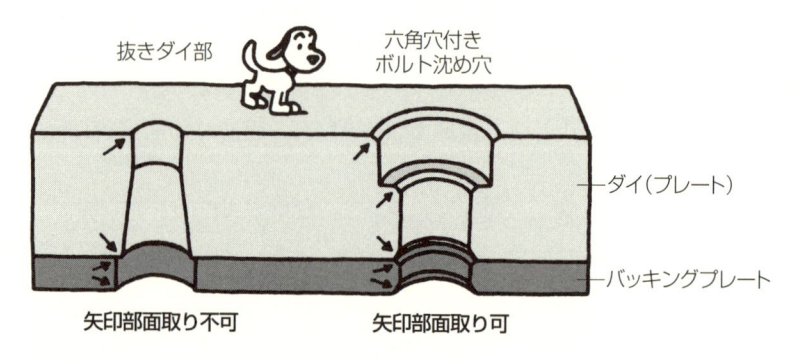

図6.3　穴の用途（目的）別 面取りの可否の例

② バリ取り

切削および研削加工をした部分には必ずバリが出ます。このバリを取る作業を機械加工部門で行う場合もありますが、多くの企業は仕上げ部門で行っています。バリ取りはやすり、油砥石、ペーパーやすり、ラッパー（みがき工具）などが使われます。

③ やすり作業

工作機械が発達していない昔は、パンチおよびダイなどの難しい形状加工をやすりで加工していたため、やすり作業は仕上げ加工の中心でしたが、現在はNC工作機械などの発達により、部分的な追加加工、および微調整などの補助的な作業に限られています。しかし組立段階での調整などでは現在でも必要な技能に含まれ、やすりの種類と用途、作業の方法などは仕上げ部門に必要な、要素技術に含まれています。

仕上げに使われるやすりは三角形、半丸その他の断面のものを組み合わせた、組みやすりが多く使われています。焼入れ後の金型部品の場合は、ダイヤモンドやすりが使われます。

④ タップ立て（タッピング）

タップ立ての多くはマシニングセンタその他の工作機械で行われますが、長さが長い部品の側面の加工、直径が細く機械加工が困難な場合などでは、手作業でタップ立てが行われています（図6.4）。

また組立段階で、ねじ部が短い、ねじを締めるときつい、加工漏れなどの場合も手作業でタップを立て直します。手でタップを立てる場合は、下穴が垂直になるように工作物を万力などでしっかり固定し、ハンドタップを垂直に立て両手で平均に回します。

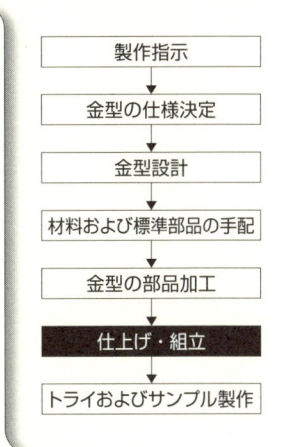

```
製作指示
    ↓
金型の仕様決定
    ↓
金型設計
    ↓
材料および標準部品の手配
    ↓
金型の部品加工
    ↓
【仕上げ・組立】
    ↓
トライおよびサンプル製作
```

図6.4 手作業でのタップ立て（ねじ切り）

⑤　リーマ作業（リーミング）

　　リーマ作業はタップ立てとほぼ同じように、機械加工が原則ですが、手で加工をする場合があります。特に軸とのはめあい がきつい場合の修正作業は広く行われています。使用するリーマは先端がテーパ状になったハンドリーマを使います。リーマ作業の注意事項はタップ立てとほぼ同様です。

⑥　洗浄および拭き取り

　　組立前の部品は洗浄液で洗浄をする、拭き取り用の布で拭く、圧縮空気で飛ばすなどの方法で、切り屑、塵および汚れを取り、清浄にします。特に高精度な金型では、目に見えないような小さな塵が付着していても、組立後の精度が悪くなるので慎重に行います。

4　みがき

4.1 みがきの目的と効果

　機械加工をした平面を拡大してみると、刃物および砥石で削った筋状の凹凸、および放電加工による表面の凹凸、および変質層などが残っています。これらの凹凸を少なくするためにみがきを行います（**図6.5**）。

　金型仕上げにおけるみがきは非常に重要であり、企業によってはみがき専門の担当部門を置き、専門の担当者が行っている例もあります。それ以外の大部分の企業は、仕上げ・組立部門で行っています。

　みがきの目的には次のような事項があります。

① 製品の面粗さを良くする
② 材料との摩擦抵抗を少なくし、金型の寿命を長くする

③ 摩擦および焼き付きなどによる破損を防ぐ
④ 刃先の細かな欠け（チッピング）を防ぐ
⑤ 金型と接触する製品の面をきれいにする
⑥ 金型および製品の形状および寸法精度を向上する
⑦ 加工条件を向上する

　面粗さを良くすると材料の滑り、および流れを良くする、抵抗を少なくする、などの効果があります。

⑧ 工作油を少なくする

　プレス加工では材料に工作油を付けますが、面粗さを良くすることで、これを少なくしたりなくすことができます。

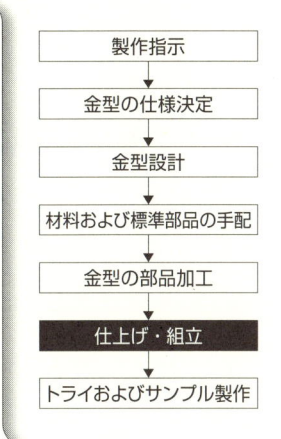

```
製作指示
  ↓
金型の仕様決定
  ↓
金型設計
  ↓
材料および標準部品の手配
  ↓
金型の部品加工
  ↓
仕上げ・組立
  ↓
トライおよびサンプル製作
```

　プラスチック成形型は、金型の面粗さが直接製品の面粗さになり、製品表面の滑らかさ、透明度なども面粗さで決まるため、当初から重要視されてきました。プレス金型も製品の高精度化、プレス加工高速化、金型の長寿命化、環境対策などで重要性が増しています。

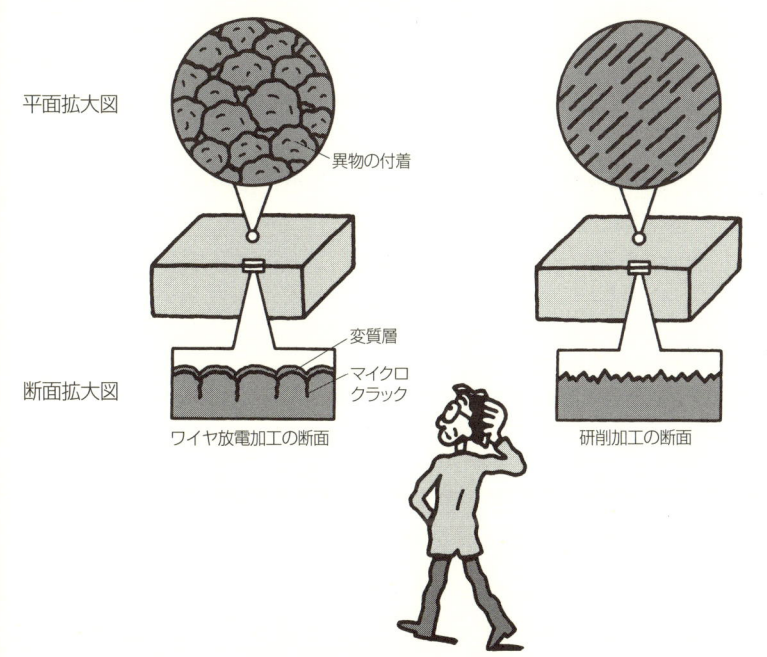

平面拡大図　　　　　　　　　　　　　異物の付着

断面拡大図　　変質層／マイクロクラック
　　　　　ワイヤ放電加工の断面　　　　研削加工の断面

図6.5　機械加工の面の凹凸と変質層

4.2 面粗さの区分とみがき工具

① 粗みがき
　切削および研削による筋状の凹凸を取り、全体をほぼ滑らかにする程度のみがきであり、主に研磨紙（ペーパーやすり）の粒度＃240以上、またはオイルストーン（油砥石）の＃180以上のものが使われます。

② 中程度のみがき
　みがきを必要とする一般的な曲げ型、および絞り型などの金型の場合に行われます。みがき工具は研磨紙（＃400以上のもの）、オイルストーン（＃400以上のもの）、ハンドラッパー（＃320以上）などが用いられます。また異形の部分をみがく場合は、ダイヤモンドの粉末を油で溶いたダイヤモンドペーストを様々なみがき工具に付けてみがく方法が広く行われています。

③ 鏡面（精密仕上げ、超仕上げ）
　みがいた表面は鏡の面のように滑らかで、きれいに写るのでこの名があります。
　実際、ガラスがなかった昔は、青銅をみがいて鏡にしていました。研磨紙（＃4000以上）、ダイヤモンドペースト（＃3000〜20000）と工具などを使って仕上げます。

4.3 みがき作業の工程設定

　みがき作業は面粗さのほぼ2乗に比例して、作業に時間がかかります。このため、次の注意が必要です。
① みがき前の機械加工の面粗さを良くする
② 粗みがき、中間のみがき、仕上げみがきを組み合わせて効率良く仕上げる

③ 後工程のみがきのとき、前工程の荒い粒子が絶対に混入しないこと
　このため、工具、ウエス、工具収納の容器などは厳密に区分し、研磨材が混じらないようにします。
④ 形状および寸法を変化させないこと
⑤ 一定の力で均一にみがくこと

4.4 みがく場所および形状

① 平面のみがき
　平面のみがきは次の2つの方法があります。
　○金型部品を固定してみがき工具（ポリッシャー）を動かす
　　金型部品の面積が大きい場合は、金型部品の面に沿って工具を動かします（図6.6）。
　○工具を固定し金型部品を動かす
　　金型部品が小さい場合は、平板状の工具（平面定盤）を固定し、金型部品を動かしてみがきます。みがき用の定盤は、円盤または四角のものに、2mm程度の幅の3角、または4角形の溝を5～10mmのピッチで刻みます（図6.7）。材質は鋳鉄が最適であり、3枚組で作りお互いをすり合わせて平面度を確保します。金型部品が小さい場合は斜めにならず、全体が均一に接触するように持つことと、動かすことが必要です。

図6.6　工具を持ってみがく方法

図6.7　縦、横に3角形の溝を入れたみがき定盤の例

② 穴の側面のみがき

　穴の側面のみがきは、原則として金型のみがく面が水平になるように万力などでしっかり固定してみがきます。金型部品が大きいなどで、垂直のままみがく場合は、工具が直線に移動するように注意してみがきます。一般に、工具の移動方向に対して中央が高い円弧状になったり、端面近くがだれます。

③ R部のみがき

　R部のみがきは、非常に難しいので次の注意が必要です。

○みがく前のR形状を正確に加工しておく

　みがきは形状を作るのではなく、面粗さを良くするだけにします。

○丸い部品の場合は旋盤などを利用する

　内外径が円筒状の場合の端部のR面は、旋盤またはボール盤などで一方を回転させる方法が広く行われています。

○全体をむらがないようにみがく

○専用のRゲージを作りすり合わせる

5 金型の組立

5.1 組立に必要な設備

　金型を組み立てるときに、必要な設備には次のようなものがあります。

① 作業台

　みがきその他の手仕上げをするための作業台であり、小さな部品の部分組立にも使われます。作業台には横万力を固定したり、作業用の定盤を置いたりしています。小さな金型の場合は、この上で金型全体の組立を行う場合もあります（図6.8）。

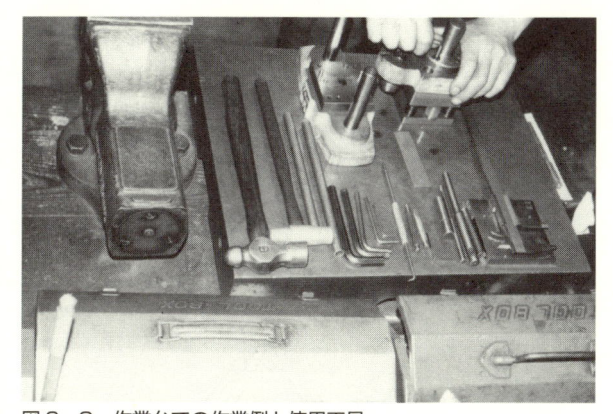

図6.8 作業台での作業例と使用工具

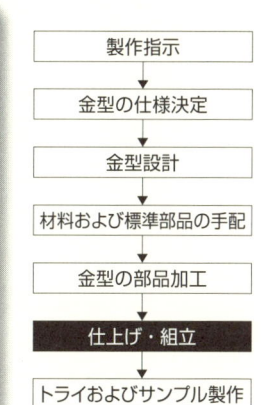

② 組立台

　金型全体の組立をするための専用の台であり、金型の種類、および大きさなどによって様々な組立台が作られています。金型は平行な状態で組み立てるのが望ましいため、裏側（下側）からも部品の組み込み、ねじ止めなどができるように工夫されています。

　図6.9にその例を示しますが、金型の大きさに合わせて2台を適当な距離（同図の P ）に離して置き、その上に金型を載せます。金型の下が空間になっているので、下からの作業もできます。

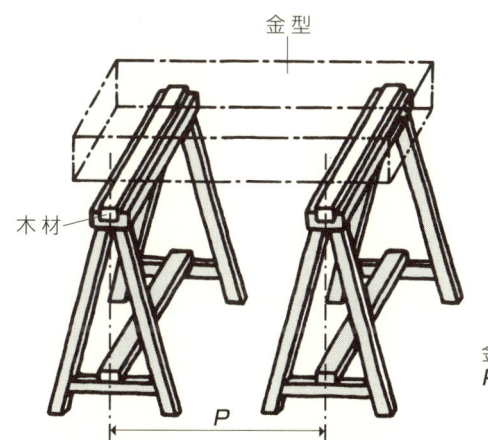

金型の大きさ（長さ）によって P を変える

図6.9 やや大きな金型を組み立てる組立台の例

③ 重量物の釣り上げ

　重量物を釣り上げる装置は、一対の金型を合わせるときに一方（下型、固定側）を組立台の上に置き、他の一方（上型、可動側）を釣り上げ、両方を合わせる作業や逆に分解するときなどに使います。また、重い金型部品を持ち上げたり、反転させる場合にも使います。金型の組立では必需品であり、チェーンブロック、電気チェーンブロック、クレーンなどがあります（図6.10）。

④ 運搬設備

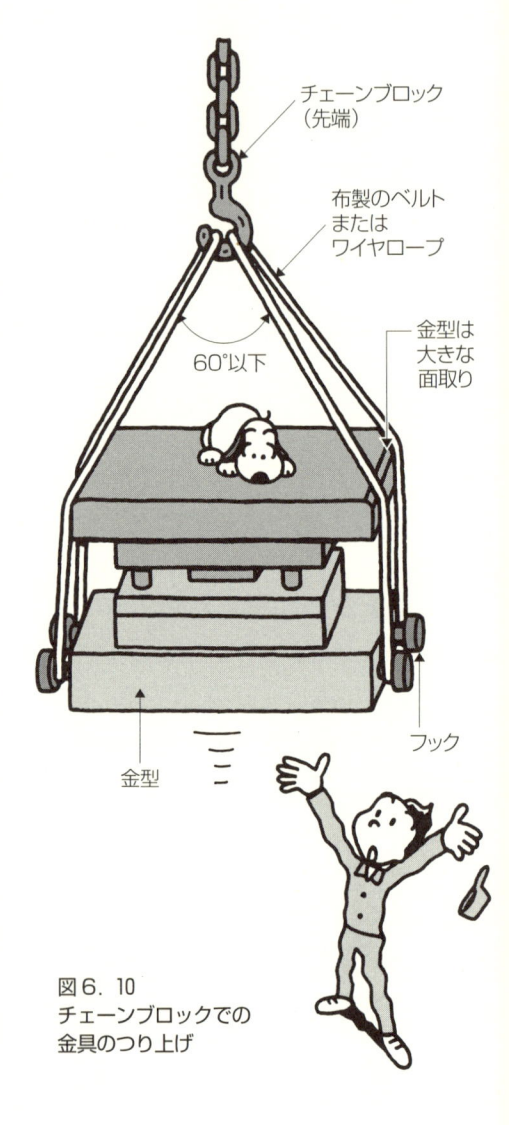

　手で運搬できない重い金型、および部品を運搬するのに使います。一般には手動で上下と移動ができるリフター、または油圧ハンドリフターが使われています。ハンドリフターは、フォークの部分に金型などを載せ、滑車および油圧ポンプを使って持ち上げ、移動できます。さらに重い金型および部品は、フォークリフトまたはクレーンが使われています。

図6.10 チェーンブロックでの金具のつり上げ

5.2
組立に必要な工具

5.2.1　金型および部品を保持する工具
① 横万力

横万力は、作業台に取り付け、金型部品などを締め付けて固定し、様々な作業を行います（**図6.11**）。仕上げ・組立を行う作業場には必需品です。万力に金型部品を固定する場合は、必ず接触する部分にアルミニューム、銅などの当て金を取り付けます（**図6.12**）。これは金型部品に傷がつくのを防ぐと共に、固定したときに滑りにくくするためです。

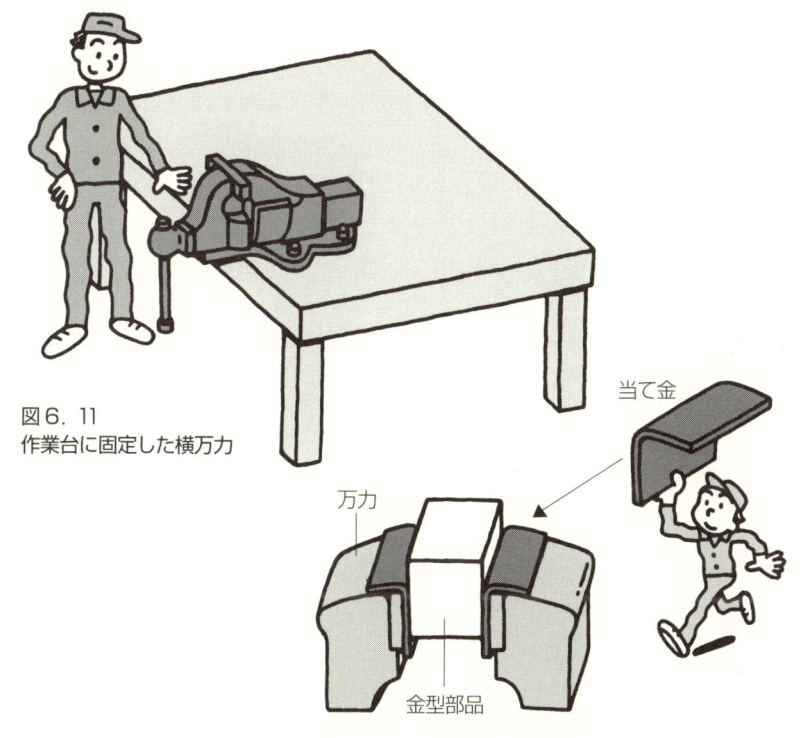

図6.11
作業台に固定した横万力

図6.12　金型部品は当て金で挟んで万力に固定する

② その他の万力（シャコ万、平行クランプ）
　これらの万力は、小さくて移動が容易であり、部品と部品を一時的に固定をする場合などに用いられます。
③ 平行台（スペーサー）
　平行台は、高さを揃えた断面が4角の棒状のもので、2つが1組になっています。作業台の上に金型を置く場合も、この平行台の上に置きます（図6.13）。見た形から現場では昔から羊羹、拍子木、枕（まくら）などとも呼ばれています。

図6.13　平行台（2つ一組で使用）

5.2.2　組み付け工具

① モンキーレンチ、スパナ、六角棒スパナ、ねじ回し、十字ねじ回し
　モンキーレンチとスパナは六角ボルトに、六角棒スパナは六角穴付きボルトに、ねじ回しおよび十字ねじ回しは小ねじの締め付けに用います。金型の組立の多くは六角穴付きボルトが使われており、図6.14のような六角棒スパナが最も多く使われています。

② ハンマー、銅ハンマー、プラスチックハンマー
　部品を圧入する場合に使います。他の工具で受ける場合は鉄製のハンマーが使われ、ハンマーが金型および金型部品に直接当たる場合は、当たる部分が銅またはプラスチック製のものを使います。

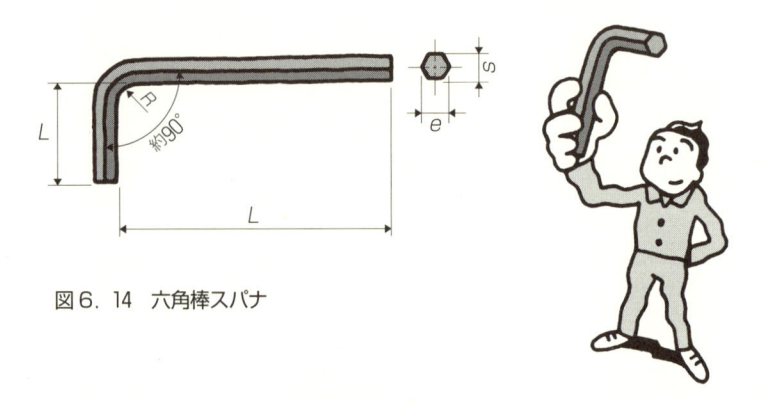

図6.14　六角棒スパナ

5.2.3 仕上加工および修理用工具

① 高速電気（またはエアー）グラインダ
　面取り、部分的な修正加工などに使用します。
② タップハンドル
　手でタップ立てをしたり、リーマ作業をする場合、タップハンドルに付けて行います。

5.2.4 測定工具

① 定盤
　測定する金型部品を載せ、この上で寸法の測定、平行度および直角の測定などを行います。
② スコヤ（直角定規）、精密スコヤ
　部品単体、または部品を組み付けるときの部品相互の直角度の確認に使用します。金型の組立には精度が高く、見やすい精密スコヤが適しています（図6.15）。
③ ルーペ
　細かい部分を拡大して見る場合に使用します。製品のできばえを確認する場合にも必要です。
④ ノギスおよびマイクロメーター
　寸法を測定する場合の必需品です。目盛りはノギスが0.05mm、マイクロメーターが0.01mmまでのものが広く使われています。
⑤ ダイヤルゲージとブロックゲージ
　特別な測定機を使用せずに、現場で長さを測定する場合、最も精度の高い測定が可能であり、0.001mmまで読み取れます。ダイヤルゲー

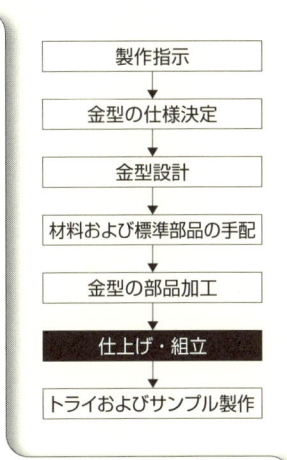

図6.15　精密スコヤ

```
製作指示
　↓
金型の仕様決定
　↓
金型設計
　↓
材料および標準部品の手配
　↓
金型の部品加工
　↓
仕上げ・組立
　↓
トライおよびサンプル製作
```

第6章　金型の仕上げおよび組立作業

ジは他の工具と組み合わせると、高精度な角度の設定と測定、および位置の測定など様々な測定ができます。ダイヤルゲージとブロックゲージは、それぞれ単独で使えますが、両方を組み合わせると、大きなものも高精度に測定できます。

⑥ 隙間ゲージ

非常に薄い板状のゲージであり、市販のものには、厚さが0.03mmから1mmまでのものがあります（図6.16）。組み立てた後の金型の部品相互の狭い隙間の測定、反り、スコヤと組み合わせた直角などの測定などに使います。

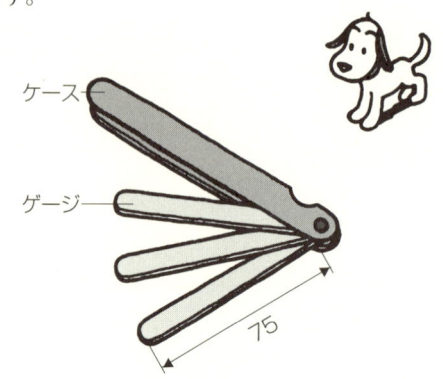

図6.16 隙間ゲージ

5.2.5　その他の工具

　個人の工具箱には、市販の標準工具ではなく、それぞれの人が工夫して作製した様々な工具があります。これらは永年の工夫と経験の上に作られたものであり、本人には使いやすく便利なものです。逆にどのような工具を持っているかを見れば、その人の実力が予測できるほどです。米国などでは、大部分の工具は個人持ちで、工具の優劣が業績に影響するほどです。

5.3
金型の組立に必要な要素作業

5.3.1　工具の持ち方

　正しい作業には正しい工具の持ち方が重要です。これがいい加減だといつまでたっても上達せず、安定もしません。なぜなら、それぞれの工具は正しい持ち方と扱いをしたとき、本来の機能を発揮できるようになっているからです。

① ハンマー
　ハンマーは、頭の部分と手のひらが平行になるように合わせ、柄の端に近い部分を図6.17のように握ります。

図6.17　ハンマーの持ち方

製作指示
↓
金型の仕様決定
↓
金型設計
↓
材料および標準部品の手配
↓
金型の部品加工
↓
仕上げ・組立
↓
トライおよびサンプル製作

② モンキーレンチ
　モンキーレンチは締め付ける方向が決まっており、逆に持つと締め付けが不完全になるだけでなく、モンキーレンチを破損します（図6.18）。

③ タップハンドル
　端部に近い部分を、左右の手で持ち、均等に力が加わるように回します。これがまずいと斜めになったりタップを破損したりします。

④ 金型と部品の置き方
　金型は、原則として水平に置いて作業をします。部品を組み込んだりボルトを締め付ける場合も同様です。この場合、底面より出ている部品がある場合は、必ず平行台の上に載せて金型が平行になるように置きます。これは金型を立てた状態で作業をするのは倒れる危険があること、部品を固定するときに重力で一方に片寄る、などを防ぐためです。

モンキーレンチの向きが逆です

第6章　金型の仕上げおよび組立作業

図6.18　正しいモンキーレンチの向きと持ち方（左）

5.3.2 基本作業

① ボルトとダウエルピンでの固定と分解

プレートなどを、複数のボルトとダウエルピンで固定する場合は、全体を均一に締め付けること、ダウエルピンの圧入が容易で正確なことなどが重要です。図6.19のプレートを固定する場合は、次のように行います。

四隅のボルトを対角線方向の順序で軽く締める →ダウエルピンを圧入する→四隅のボルトを対角線方向にやや強めに締める → 対角線方向に強く締め付ける（本締め）→ 残りのボルトを組み込んで締める。

一方から順に強く締めていくと、片方が浮き上がって均一に締められず、ダウエルピンを圧入する前にボルトを強く締め付けると、位置の修正ができずダウエルピンが入りません。

図6.19　ボルトを締める順序は対角線方向に

② 部品の組み込みと圧入

部品の組み込みは、正しい位置に、正しい状態（直角の場合は直角に）で、適切な嵌合（はめ合い）になる必要があります。これを阻害する要因として、合わせ部にごみが付着する、バリが残っている、斜めに差し込む、無理に圧入をする、隙間がある、などが考えられます。

金型の場合、直角に組み込む必要のある部品が多く、この対策と処置が重要です。直角の確認は、浅く組み込んだ状態でスコヤで確認するのが有効です。

③複数の部品の組み込み

2つ以上の部品を1つのポケット穴に組み込むような場合、1つずつの部品の誤差が累積され、はめあいの精度が悪くなります。この対策としては次の方法があります。

○組み合わせた後の誤差をゼロに近づける

組み込む部品の数が多いと、誤差が累積されて大きくなるので（図6.20のAおよびB）、寸法差を1つ置きの交互にプラスとマイナスに調整するのが有効です（同図のC）。

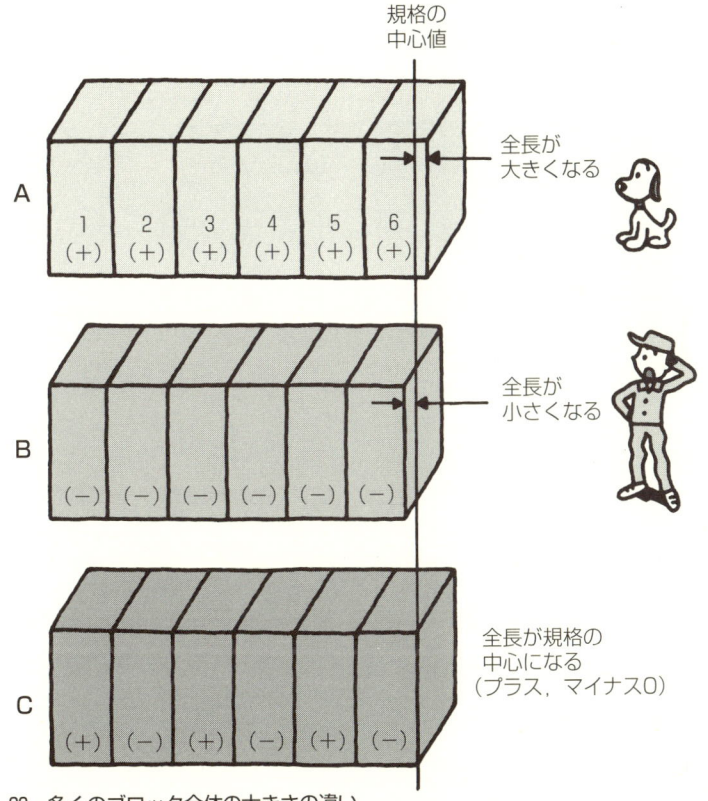

```
製作指示
  ↓
金型の仕様決定
  ↓
金型設計
  ↓
材料および標準部品の手配
  ↓
金型の部品加工
  ↓
【仕上げ・組立】
  ↓
トライおよびサンプル製作
```

図6.20 多くのブロック全体の大きさの違い

第6章 金型の仕上げおよび組立作業

○薄いシムを挟む

　寸法が大きい部品は再研削で小さく修正できますが、小さい部品はシムと呼ばれる薄い板（厚さ0.01mmから）を挟み込んで調整します（図6.21）。

○端部の部品をプラスに作っておき、穴の寸法に合わせて研削をする（図6.22）

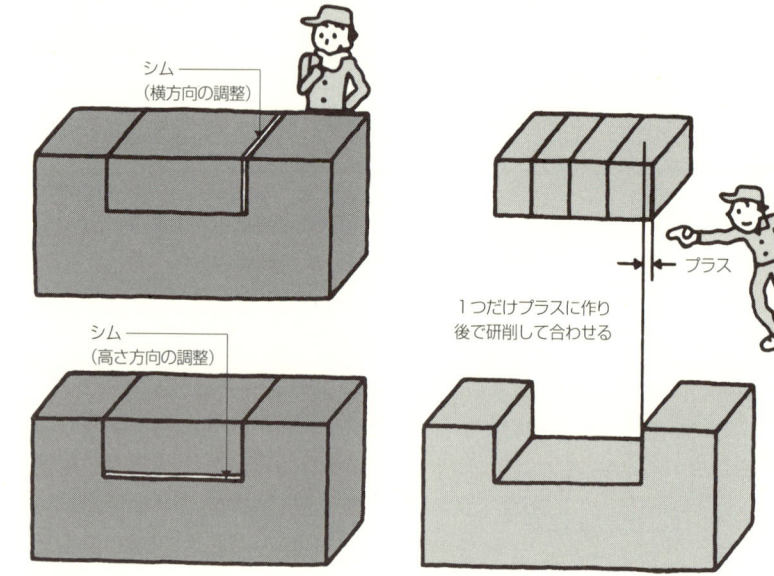

シム
（横方向の調整）

シム
（高さ方向の調整）

プラス

1つだけプラスに作り
後で研削して合わせる

図6.21
シム（非常に薄い板）による微調整

図6.22
穴寸法に合わせた微調整の例

5.4
組込工程と作業

5.4.1　工程順序と実際の作業

　金型は狭い面積に多くの部品が高精度に組み込まれるため、金型全体の理解と構成部品との関係をイメージすることが必要です。その上で作業順序と各作業工程毎の確認をします。組み立てたときの位置の精度の

確認は、常に基準となる面または穴からの位置で行い、これらが統一されていることが必要です。例えばパンチはパンチプレート、ストリッパおよびダイプレートの穴の位置が正確に同一位置になければならず、この3枚のプレートをガイドしているガイドポストの位置が基準になります。

作業手順は金型の大まかな種類毎に作成し、これに従って進めます。作業は大きく分けて次の2つに分けられます（図6.23）。

① 部分的な組立
② それらを総合的に組み立てる全体の組立

```
製作指示
　↓
金型の仕様決定
　↓
金型設計
　↓
材料および標準部品の手配
　↓
金型の部品加工
　↓
仕上げ・組立
　↓
トライおよびサンプル製作
```

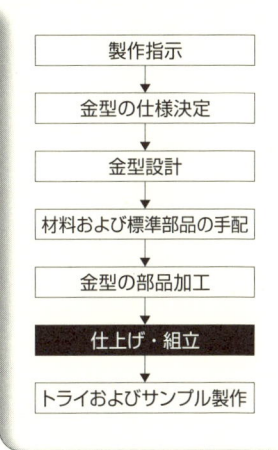

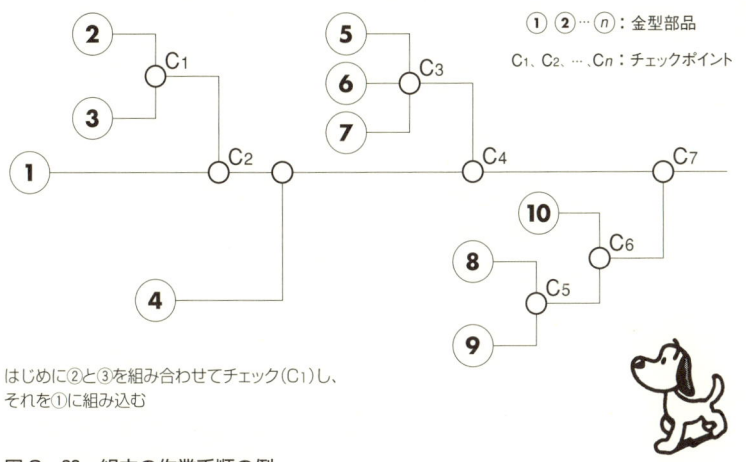

①②…(n)：金型部品
$C_1、C_2、…、C_n$：チェックポイント

はじめに②と③を組み合わせてチェック（C_1）し、それを①に組み込む

図6.23　組立の作業手順の例

5.4.2　ガイドポストとブシュの組込み

　上型と下型の相対位置を常に正しく確保するために、ガイドポストとブシュが用いられます。始めにガイドポストをプレートに固定し、これに合わせて相手のプレートにブシュを固定しますが、組み込んだ後で滑らかに動作することを確認します。ガイドポストの固定方法は、圧入およびねじ止めがあります。ブシュはガイドポストの位置と少しでもずれていると合わないので、3枚のプレートを重ねて同時加工をしたり、隙間を明けて接着剤で固定する方法が広く行われています。

図6.24にガイドポストを固定し、これにブシュを合わせる方法を示します。

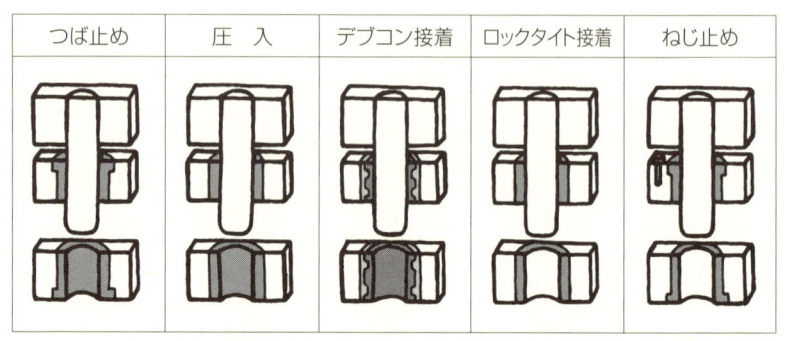

| つば止め | 圧　入 | デブコン接着 | ロックタイト接着 | ねじ止め |

図6.24　ガイドブシュの固定方法（デブコン、ロックタイトは接着剤の種類）

5.4.3　入れ子（インサート部品）の組込み

プレートの中に高精度に加工をした別の部品（入れ子、インサート部品）を組み込む場合、穴と部品は同一の2側面を基準に部品を加工しますが、組立も同様の基準で行います。きつくて入らない場合や緩くて隙間のある場合は、先の5.3.2③の「複数の部品の組み込み」で合わせます。一体式のプレートの場合はこの作業は、不要です。

5.4.4　パンチその他の組込み

パンチをパンチプレートに固定しますが、注意事項は次のとおりです。
① 　パンチはプレートに対し、垂直に組み込む
　　　垂直でないと先端の刃先部の位置がずれます。
② 　圧入は強すぎないこと
　　　圧入の程度は、組立分解が可能な程度の強さとします。強すぎるとプレートの穴を傷つけたり、垂直に入りにくくなります。
③ 　ストリッパでパンチをガイドする場合のパンチプレートへの固定は、緩めにします。

5.4.5　プレートの組込み

プレートの組み込みは、ガイドポストを基準にして上下に可動させ、

パンチがストリッパ、およびダイに抵抗なく入るようにします。もしも入らない場合は、基準となるプレートに対して他のプレートの位置を調整します。ストリッパガイドの場合は、図6.25のようにストリッパプレートを基準に、ダイを移動して合わせます。

```
製作指示
金型の仕様決定
金型設計
材料および標準部品の手配
金型の部品加工
仕上げ・組立
トライおよびサンプル製作
```

パンチ
（ストリッパに合わせる）

ストリッパ
（基準）

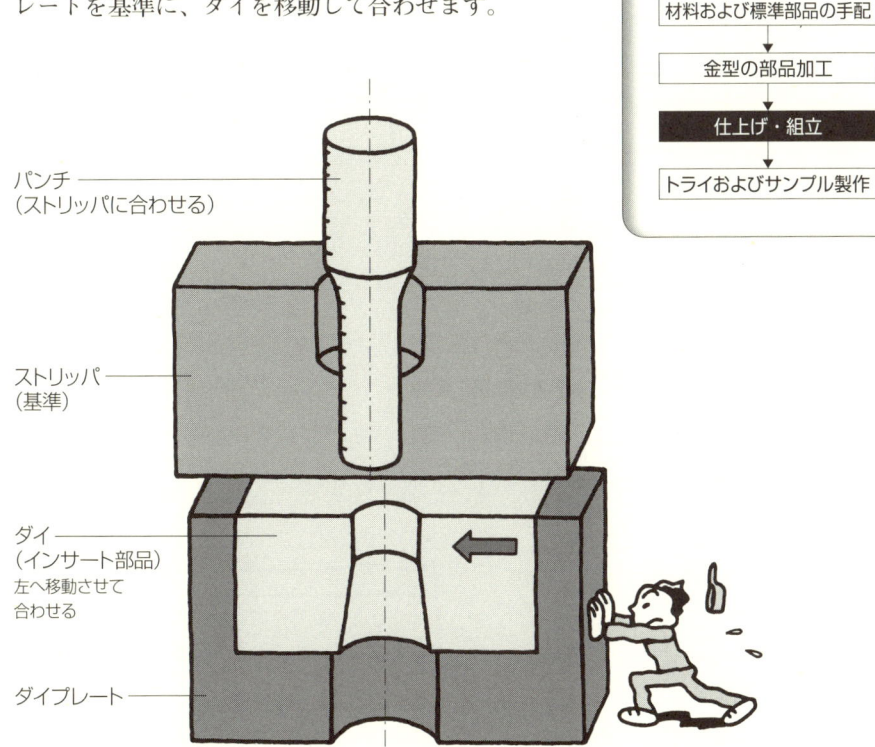

ダイ
（インサート部品）
左へ移動させて
合わせる

ダイプレート

図6.25 ストリッパ基準の刃合わせ

5.4.6 全体の確認と調整

　金型全体が水平（X、Y）方向の位置、および垂直（Z）方向の相対的な位置が正しいことを確認します。組み込み後の部品の高さの確認は、基準の部品を決め、それとの相対高さを図6.26のようにダイヤルゲージで測定をします（図6.26）。垂直方向の上型と下型の位置を正しく保つため、ハイトブロック（エンドブロック）、またはストッパーを組み込み、これが当たったとき、正しい位置になるようにします。

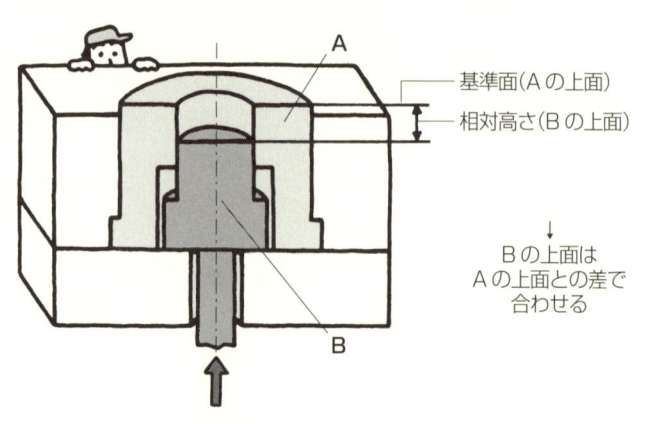

図6.26 AとBの相対高さの合わせ方

基準面(Aの上面)
相対高さ(Bの上面)
↓
Bの上面は
Aの上面との差で
合わせる

5.4.7 金型の確認

組立の済んだ金型は、加工用の機械に取り付け、材料を加工してテストしますが、その前に最終的な確認をします。

主な内容は次のとおりです。

① ボルトなどの締め忘れがないこと
② 部品の方向、位置などを間違えないこと
③ 上型と下型が接触する部分の部品が、当たらないように逃がしてあること
④ 上型が必要以上に下型に入らないよう、ハイトブロックを調整してあること (**図6.27**)
⑤ 可動部分は滑らかに動くこと

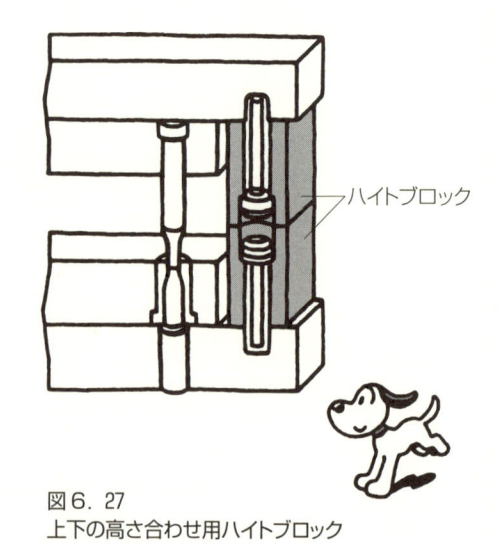

ハイトブロック

図6.27
上下の高さ合わせ用ハイトブロック

第7章

試し加工と不具合の是正

1 試し加工の目的と内容

金型は組み立てた後に必ず試し加工(トライ)をしますが、その目的は次のとおりです

① 金型で製作をした製品の品質の確認
   製品の寸法精度、および外観などが、要求品質を満たしていることを確認します。試し加工時の製品の品質規格は、製品の図面規格とは別に、次の事項を考慮して決めます。
○多くの製品を作ったときのばらつき
   サンプルの数が少ないため、その後に生産する膨大な数量の製品用の公差を始めから別に取っておく必要があります。
○金型は長期間使用していると摩耗して寸法、および形状が変化する
○材料のばらつき、機械の下死点のばらつきなどを考慮して規格を厳しくする

これらを考慮して試作時のサンプルの規格は、一般に製品公差の80％以下、厳しい場合は50％以下に設定しています(図7.1)。

② サンプルの提出と評価
   顧客の要求に合わせて必要量のサンプルを提出し、これを組み込んだ商品の機能上の確認およびテストを受けます。図面規格を満足していても、機能的に問題がある場合

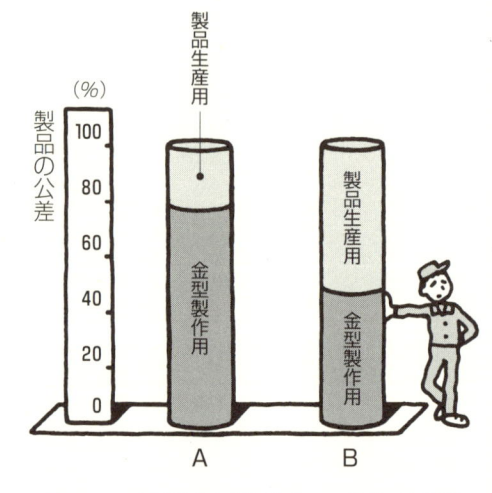

図7.1 金型製作と製品生産への公差の配分例

は、製品の図面変更と合わせて金型の変更依頼があり、金型を修正した上で再度評価し直します。

③ 本生産における機能の確認

試し加工用の機械は、金型工場にある機械で行う方法と、実際に本生産をするときに使用する機械で行う方法、の2つがあります。生産上の問題がないか、金型の機能は十分か、などの確認は生産に使用する機械で確認するのが望ましく、特に自動化装置がない場合や仕様が異なる場合は、実際に使用する機械での試し加工が必要です。金型メーカーが顧客の企業に金型を販売した場合は、自社内での確認と合わせて、顧客企業の機械で再度試し加工をする場合もあります。

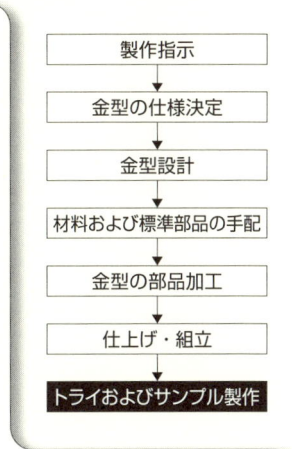

```
製作指示
  ↓
金型の仕様決定
  ↓
金型設計
  ↓
材料および標準部品の手配
  ↓
金型の部品加工
  ↓
仕上げ・組立
  ↓
トライおよびサンプル製作
```

主な確認事項は、仕様どおりの加工速度で生産して問題のないこと、部品の破損などの異常がないこと、可動部の動きが滑らかなこと、製品およびスクラップの排出は確実で安定していること、などです。金型の評価に必要な時間（または生産個数）は、金型を製作する前に双方で検収条件として決めておきます。必要な場合は試し加工終了後に、金型を分解して内部の部品に異常がないことを確認します。

2 機械への取り付け

2.1 機械の選定

機械に金型を取り付けて試し加工（トライ）を行う場合の機械は、実際の本生産に使用する機械と能力、および仕様などが同じであることが

望ましく、これが大幅に異なっていると、本生産に入ってから問題が発生する可能性があります。

　プレス機械の場合、能力としては圧力能力（呼び圧力）、トルク能力（呼び圧力を発生する下死点上の位置）、および仕事能力（連続的に使用できる1回当たりのエネルギー）の3つです。

　仕様は金型の高さが決まるダイハイト、およびその調節量、製品の高さが決まるストローク長さ、生産性と加工速度が決まる毎分ストローク数、金型の大きさ（面積）が決まるボルスター面積、その他です。

　自動で生産をする場合は、自動化装置の能力と仕様も重要ですが、同じ能力および仕様の装置がない場合は、自動生産の確認を、生産工場の装置で行う必要があります。

2.2
機械および装置の点検

　試し加工に使用する機械は、使用する前に始業前の安全点検を行います。主な点検内容には、次のような事項があります。

① 各部のボルトおよびナットに緩みがないこと
② 機械各部に亀裂および破損がないこと
③ クラッチおよびブレーキなどに異常がないこと
④ 運転操作に異常がないこと
　実際の点検は、機械毎に決められているチェックリストで行います。
⑤ 空運転
　　動力スイッチを入れ、数回実際に作動させて異常がないことと、潤滑油が機械全体に行き渡るようにします。
⑥ 安全装置の点検と確認
　　安全装置が確実に働くことを確認します。光線式安全装置の場合は自動でスライドを動かし、光線を手で遮断してスライドが停止することを確認します（図7.2）。点検後は金型を取り付けたとき、上下の金型が衝突しないように下死点の間隔を広めにしておきます。

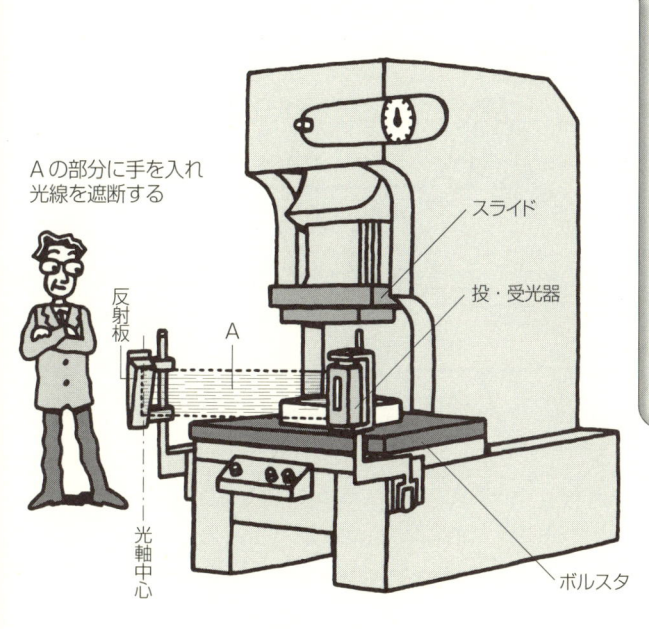

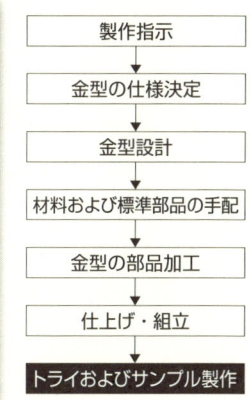

図7．2　光線式安全装置の確認

2.3
金型の取り付け

　作業を始める前に、必要な取付工具、作業工具などの工具を準備しておきます。金型の運搬は安全に十分注意し、指定されたクレーン、運搬車などを使用します。金型は例外を除き、一組の金型を組み合わせた状態で、運搬および機械への挿入を行います。

　機械に挿入後は正しい位置に取り付けますが、金型の荷重中心が機械の中心に一致するようにします。自動加工の場合は、自動化装置との相互の位置関係と平行度が重要です。上（可動）型と下（固定）型の一組の金型は、それぞれ指定のクランプ装置で固定します。締め金で固定する場合の注意事項は、図7.3のとおりです。

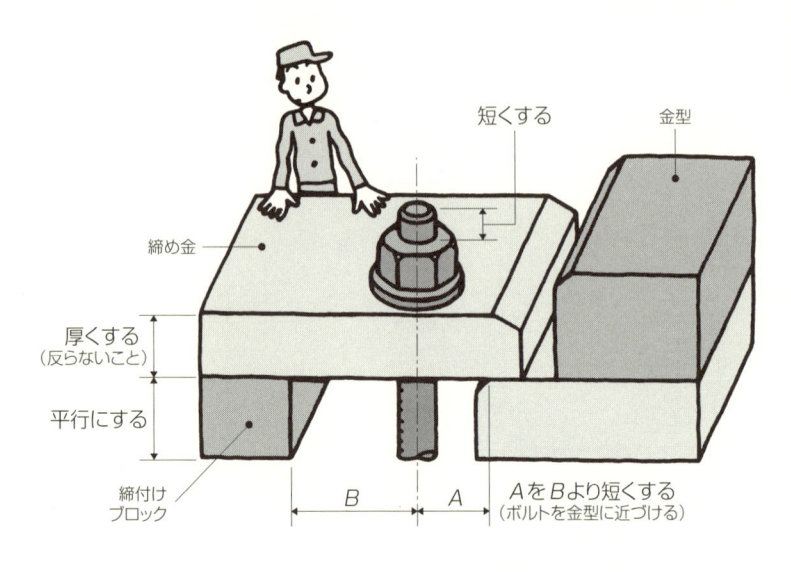

図7.3 締め金で金型を固定する場合の注意事項

2.4 加工条件の設定

　金型間の距離の調整（ダイハイト調整）、クッション圧力の調整などを設定条件に合わせて行います。

3 試し加工

3.1 材料の準備と確認

製品用の材料は、材質、機械的性質、板厚および幅などが正しいことを確認し、準備をします。特に材質は、実際の生産に使うものと異なっていると、正しい評価ができなくなるため注意が必要です。

3.2 加工作業

```
製作指示
   ↓
金型の仕様決定
   ↓
金型設計
   ↓
材料および標準部品の手配
   ↓
金型の部品加工
   ↓
仕上げ・組立
   ↓
トライおよびサンプル製作
```

機械の動力スイッチを起動し、実際に材料を入れて加工をします。心配な場合は少し浅めに合わせて加工をし、製品と金型の当たり具合を確認し、その後に正規の条件にすることも広く行われています。

自動加工の場合も最初は1回ずつ確認しながら加工をし、安全を確認してから自動加工に切り替えます。

3.3 製品の品質確認

品質の確認をする製品は、実際の本生産のときと同じ条件(自動で生産する場合は設定速度の自動加工)で加工したもので行います。これは本番の生産時との誤差を少なくするために必要です。加工をした製品の品質は、試し加工の担当者がチェックをします。現場での検査はノギス、マイクロメーター、測定ゲージおよびルーペなどを用いて行います。

この検査でほぼ良いと判断した後に専門の検査部門で詳細な検査をし、データを作成します。検査内容は寸法精度、形状および位置、外観(傷および打痕など)です。寸法、形状および位置などの計量検査は3〜5個測定し、平均値とばらつきを調べます。

判定は製品の図面規格を元に、それより厳しい管理規格で行います。これは多量の製品を作るときの安定度とばらつきの大きさ、金型の摩耗その他による変化を考慮して決めます。

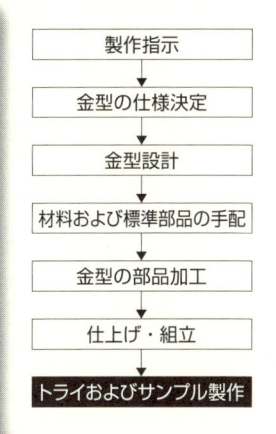

3.4 金型の評価

評価に必要な数量を、所定の条件で加工をし、その後に金型の評価をします。多量生産用の金型の場合は、数千個以上連続加工をする場合もあります。確認内容は次の事項です。

① 連続生産時に異常のないこと
　　異常があって停止した場合は、原因を除去した後で再度連続生産をします。
② 金型内にスクラップなどが詰まっていないこと（図7.4）。
③ 摩耗、焼き付きなどのないこと
④ 可動部分の動きが滑らかなこと

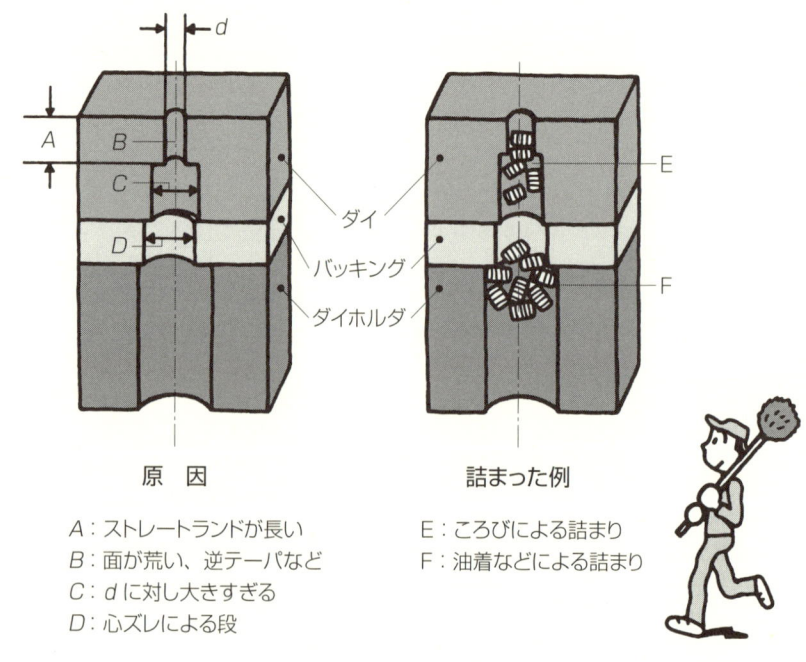

原　因
A：ストレートランドが長い
B：面が荒い、逆テーパなど
C：d に対し大きすぎる
D：心ズレによる段

詰まった例
E：ころびによる詰まり
F：油着などによる詰まり

図7.4　かす詰まりの内容

3.5 後始末

試し加工を終了した後は次の後始末をします。

① 金型の取り外し
機械および金型を傷めず、安全な方法で外します。特に上型は緩めたときに落下しないよう、下型との隙間を狭くした状態にしてから緩めます。

② 金型の清掃と収納
取り外した金型は、汚れを拭き取るなどの清掃をし、可動部には新しい潤滑油を塗布して所定の場所に収納します。

③ 機械の清掃と条件の復元
使用した機械は清掃をし、異常のないことを確認して、調整した部分を元の条件に戻しておきます。

④ 周辺の整備と清掃
機械周辺のスクラップその他を清掃し、取り付け工具その他を指定の場所に収納します。

```
製作指示
  ↓
金型の仕様決定
  ↓
金型設計
  ↓
材料および標準部品の手配
  ↓
金型の部品加工
  ↓
仕上げ・組立
  ↓
トライおよびサンプル製作
```

3.6 標準書の作成

試し加工をしたときの作業方法、設定条件などを記録し、作業標準書を作ります。これにより、実際に金型を使って生産する場合の再現性が高くなり、後で不具合が発生するのを少なくできます。試し加工中に金型を変更した部分があれば、図面その他の訂正を申請し、本図を直しておきます。

4 不具合の原因と是正

　試し加工で不具合があった場合は、是正する必要がありますが、次の方法が行われています。

① 技術部門などで検討をする
　試し加工の担当者は、不具合を技術部門または金型設計部門に連絡をして、是正処置の支持を受けます。
② 関係部門の立ち会い
　試し加工に設計者などが立ち会い、その場で是正処置を打ち合わせます。
③ 金型部門の責任者の指示
　担当者は金型製作部門の責任者に連絡し、責任者が指示を出します。
④ 試し加工の担当者の処理
　試し加工の担当者の責任で是正処置をし、是正後に結果を関連部署に連絡します。
　不具合の内容と是正方法は、金型の種類、製品の種類、加工内容などによって様々であり、現象も様々です。これらの情報は多くの金型関係の専門書に詳しく述べられているので、必要な場合はそれを見て下さい。

　また、各企業には、過去のトラブルの内容と処置の事例を集めた企業固有のノウハウ集を持っているので、これを活用して下さい。しかし実際に体験した情報の多くは、ベテランの人の頭の中に蓄積されたまま公開されず、個人の知識、ノウハウおよび経験などと表現されているのが現状です。

第 8 章

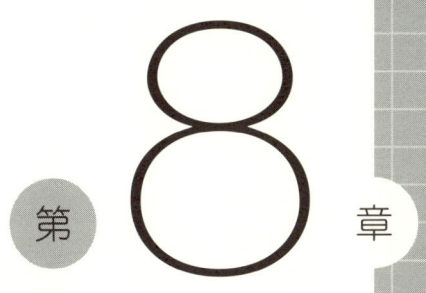

プレス金型の製作事例

1　製品と金型製作上の検討事項

　金型を設計するときの基準は製品図面であり、製品図では分からない部分は必ず製品設計者に問い合わせ、確認をする必要があります。特に形状または寸法などの変更依頼をして了解を得た場合は、設計変更依頼をして製品図の変更手続きが必要です。これは後で製品と金型の受け入れ検査、試し加工時の確認などの業務の基準が製品図になるためです。
　製品図を見て次の事項の検討を行います。

① 　製品全体の立体的な形状のイメージ
　　製品図は3角法による投影図で描かれており、平面図、正面図および側面図など2次元の図を組み合わせて作られています。
　　製品全体の立体的なイメージは、これらの平面的な図面を組み合わせて、頭の中で組み立てて想像する必要があります。
② 　製品固有の注意事項とポイント
　　製品固有のポイントは、図面に表現し切れない部分があります。しかし、特別に指定された寸法の許容限界、はめあい、注意事項などをよく見れば、製品として重要な部分と機能などが、ほぼ分かります。また、大部分の企業は類似の製品用の金型を作っており、品名や形状を見ただけで、その製品の用途や注意事項などが分かることが多くあります。

　ここに、企業や人の専門化の価値と経験の効果があります。これが読図であり、これでようやく製品設計者のイメージが金型設計者に伝わったことになります。

2 製品と金型の事例

　ここで取り上げる金型は、金型の中でも最も技術的に難しいといわれるプレス加工用の順送り型です。

　事例に取り上げた製品図面を図8.1に示し、見取り図を図8.2に示します。外形が四角形の板をコの字に曲げた側面に4つの小さな丸穴があり、底面にもやや大きな丸穴が1つあります。この事例は製品の形状も金型の構造も最も簡単なものですが、順送り型に必要な大部分の要素を含んでいます。材質は最も一般的な冷間圧延鋼板（SPCC）であり、板厚は0.8mmであり、これも一般に広く使われています。

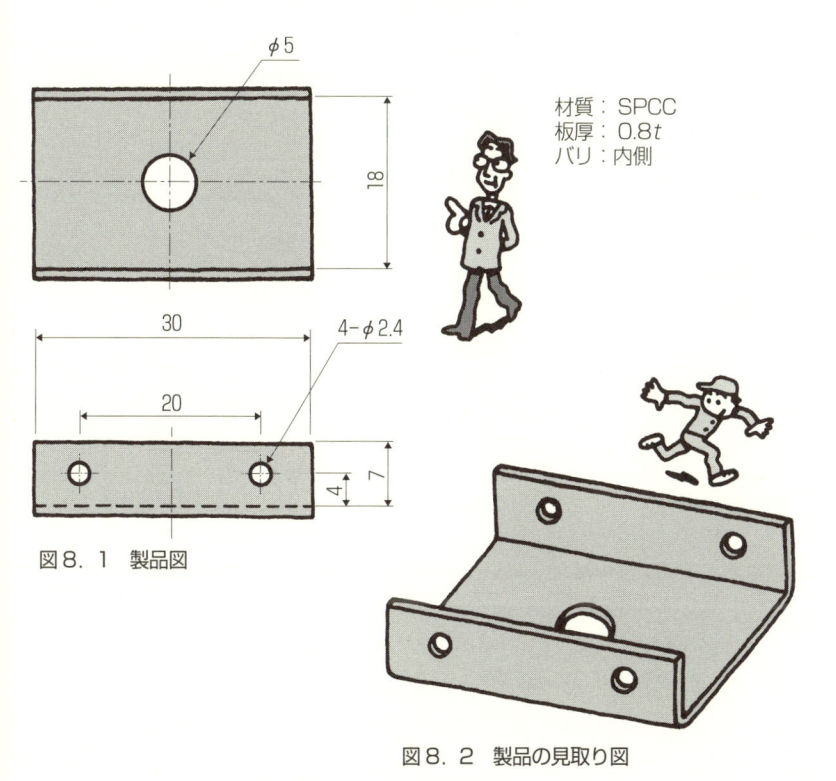

材質：SPCC
板厚：0.8*t*
バリ：内側

図8.1　製品図

図8.2　製品の見取り図

① 製品の生産方式と生産機械

　製品は形状および加工内容が比較的簡単であり、大きさも小さく、金型も作りやすいので早く、安く作ることが必要です。プレス加工の方法は、小物の多量に最も適した順送り型を使用した順送り加工です。製品の生産に使用するプレス機械は、特別な仕様は必要なく、ごく一般的な小型の機械で十分です。

② 製品の抜き方向（バリ方向）

　バリ方向は製品の内側か外側か、どちらでもよいかを調べます。一般に指定がない場合は、平面図の上面（この製品の場合は内側）が上面になりますが、確認が必要です。バリ方向によって抜きと曲げの方向が決まり、ストリップレイアウトも金型の構造もほぼ決まります（**図8.3**）。

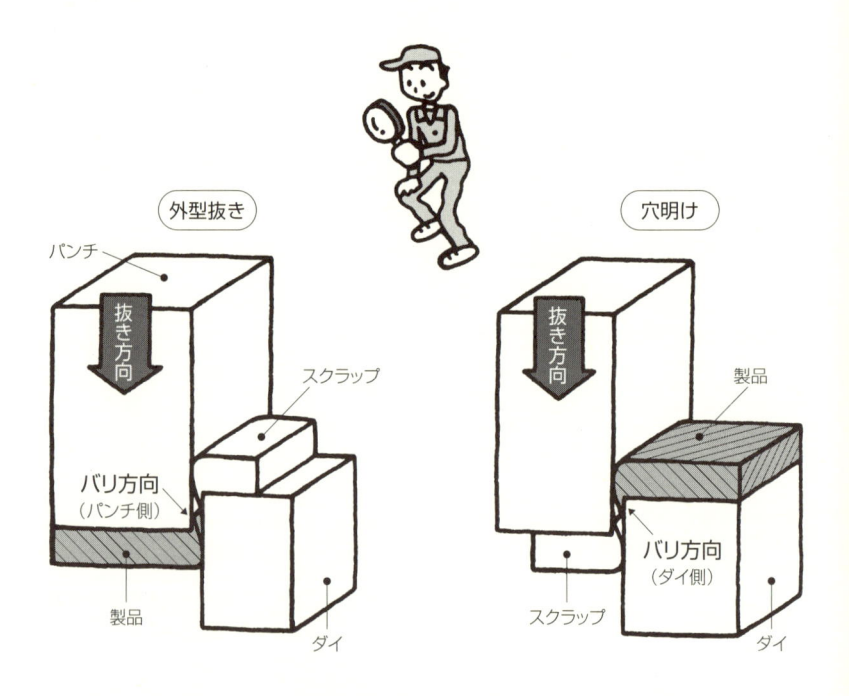

図8.3　抜き方向とバリ方向の関係

③ つなぎと切り離しの部分の位置と形状

製品と材料をつなぐ位置は、特殊な場合を除き平面部でつなぎます。この製品の場合は左右の平面部でつなぎます。

④ パイロットの方法と位置

途中工程の製品の位置を正しく決めるためのパイロット穴は、製品の穴（一般には丸い穴）を利用する直接パイロットと、製品とは別なスクラップになる部分に明ける間接パイロットがあります。この製品の場合は工程数が少ない、板厚が0.8mmとしっかりしている、製品に適当な直径の丸い穴がある、材料の利用率を高くする、などの理由で、中央にある直径が5mmの穴を利用した直接パイロット方式にします。

⑤ 材料の利用率

材料の利用率は

$$（製品の正味面積）／（材料幅 \times 送りピッチ）$$

で求められます。

この場合は、製品を送るための両側の縁がなく、パイロット用の面積も必要なく、利用率は高くなります。

⑥ 製品の機能と重要な部分

曲げた側面の4つの穴に他の部品が付くため、4つの穴の高さと平行度が重要なため、精度の高い穴の加工と曲げ加工が必要です。

⑦ 総生産量

製品の総生産量よりも金型の総寿命が短いと、将来再び同じ金型を作る必要があります。総生産量を500万個と想定、型の構造は部品の交換が可能な構造とし、材質は刃先部に耐摩耗性と熱処理性に優れたSKD11を使います。金型部品は熱処理後、抜き部はワイヤ放電加工機、曲げ部は成形研削盤で加工をします。

⑧ 製品の精度

金型の精度を向上するため、ガイドポストユニットはアウターガイドとインナーガイドを併用し、主要なガイドはインサート方式にします。

3 アレンジ図の作成

　アレンジ図は金型の基準になるもので、許容差の中からねらい値を決める、機能上問題のない部分にコーナーに R を付ける、つなぎ部分（マッチングライン）の処理、などです。穴の直径は寸法の中心から＋0.05とし、外形は－0.05にします。この製品の場合のつなぎ部は、金型の摩耗が少なく、トラブルも少ない凸状にし、寸法は製品の公差内で処理します。コーナー R は 2 回に分けて抜く部分は、R のない形状とし、一度に抜く部分に $R0.5$ を付けます（**図8.4**）。

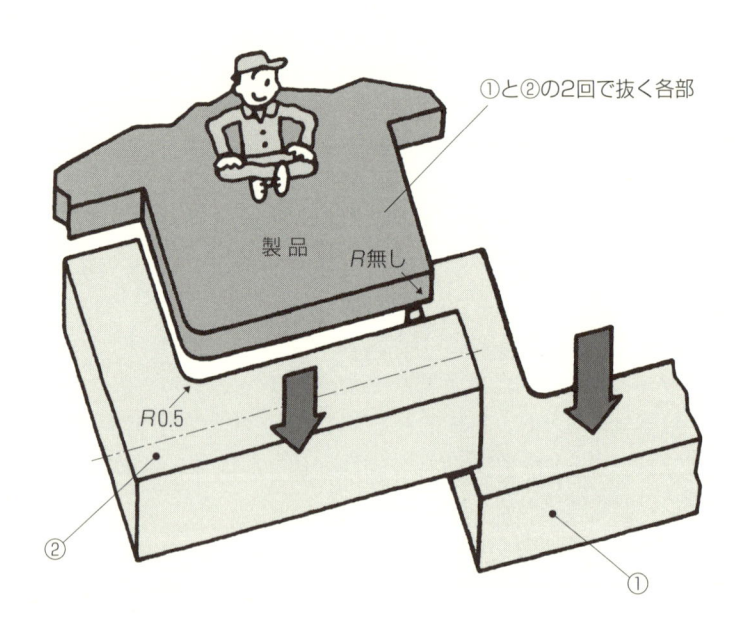

図8.4　コーナー R の付け方

4 展開図の作成

製品図を展開して、加工前の平らな状態の図面を作ります。展開計算は曲げ部の伸びを考慮して中立軸で計算します。

穴のピッチの場合は、下記のようになります。

① 内側の直線部：4＋18＋4＝26
② 1カ所の曲げ部の伸び代：0.4、2カ所で合計0.8
　詳しい計算は省略します。
③ 全体のピッチ：26＋0.8＝26.8

アレンジ後の展開図を**図8.5**に示します。

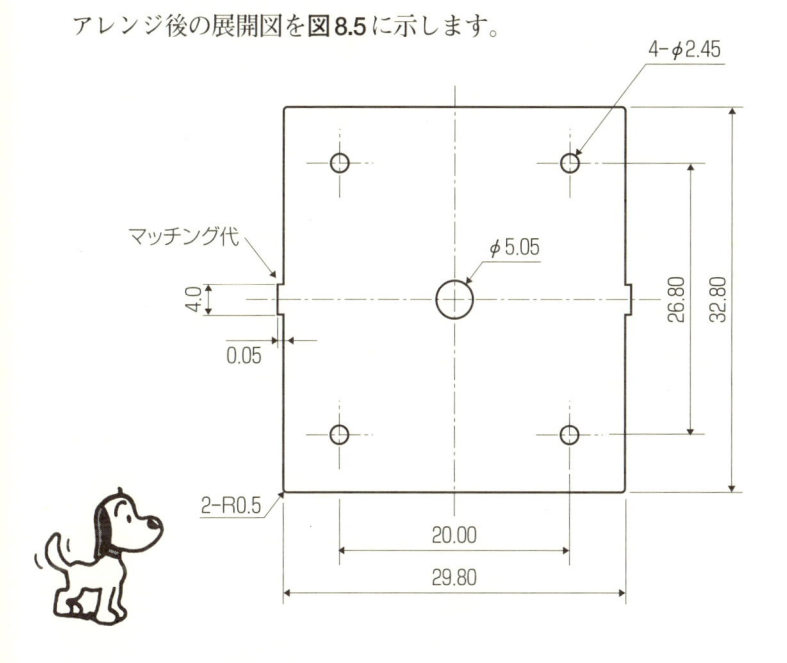

図8.5　アレンジ後の展開図

5 ストリップレイアウト図

ストリップレイアウト図を図8.6に示します。

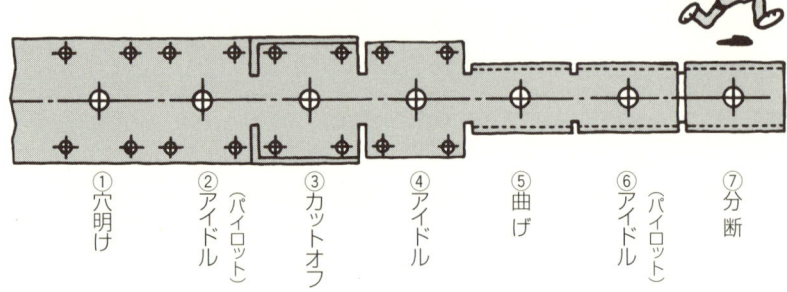

① 穴明け　② アイドル（パイロット）　③ カットオフ　④ アイドル　⑤ 曲げ　⑥ アイドル（パイロット）　⑦ 分断

図8.6　レイアウト図

① 穴明け

　　最初に丸穴を明け、次のステージ（加工工程）で中央にある$\phi 5$の穴をパイロットに使います。

② アイドルとパイロット

　　このステージは加工を何もしませんが、パイロットパンチで送りピッチと材料の幅方向のずれを直します。最初のパイロットは必ず、パイロット穴を明けた次のステージで行い、その後の工程は必要に応じて入れます。

③ カットオフ

　　つなぎの部分を除く外形の形状を抜きます。これにより製品の外形が決まります。ここも穴と外形の位置を決める大事な工程なので、パイロットを入れます。

④ アイドル

　　曲げ加工の前後は、金型の構造と製品の安定化のため、何も加工をしないアイドルステージを設けます。

⑤ 曲げ

　　下向き方向に曲げます。これによりつなぎ部を除く外形と穴のバリ

方向が内側になります。ここでも曲げる位置を正確にするためパイロットを入れます。このままでは曲げた状態の半製品が下型の中に残ってしまうので、材料を浮かせる機構が必要です。

⑥　前の④と同じ目的で、アイドルステージを入れます
⑦　つなぎ部を抜いて製品を切り離します

　このままでは製品が金型の上に残ったままになるので、型の外に出す対策が必要です。

この金型では製品を受ける下型の面積を小さくし、勾配部を滑って排出します（**図8.10**　ダイプレート図の**A-A**断面参照）。

同じ製品を加工する場合、パイロット用の穴と製品を送るためのキャリア（さん）を別に設けると、**図8.7**のようなストリップレイアウトになります。

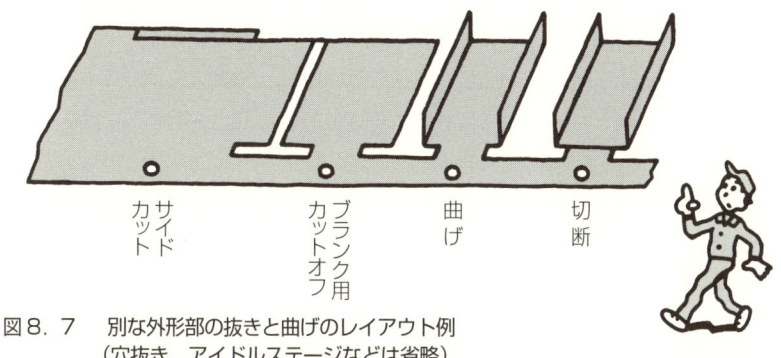

図8.7　別な外形部の抜きと曲げのレイアウト例
　　　　（穴抜き、アイドルステージなどは省略）

6　組立図

組立図を**図8.8**に示します。平面図は金型の加工する部分を表側にするため、上型は180°反転してあり、上下の関係（Y方向）が下型と逆になっています。この金型の場合はY方向に対称なので形状の変化はありませんが、基準面が逆になります。断面図は上下の金型が、加工を終わった位置(機械の下死点の位置)で、組み合った状態で示してあります。

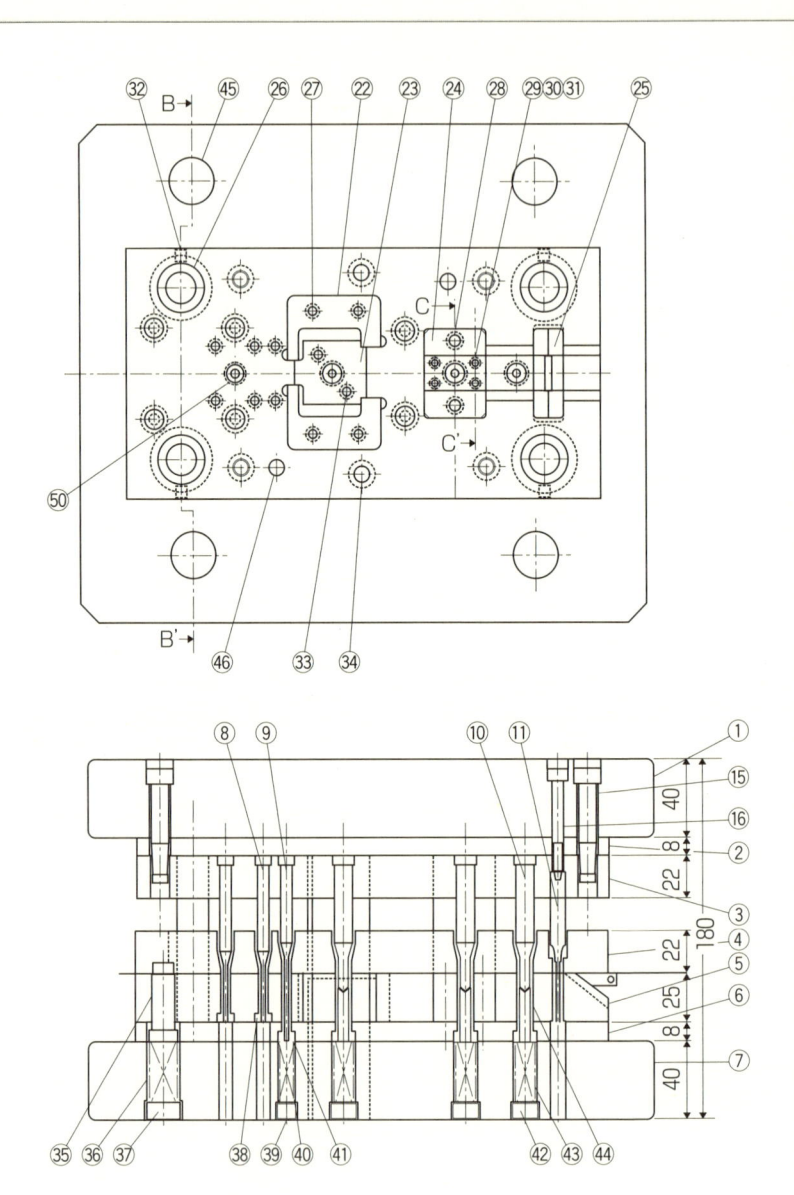

図8.8 組立図

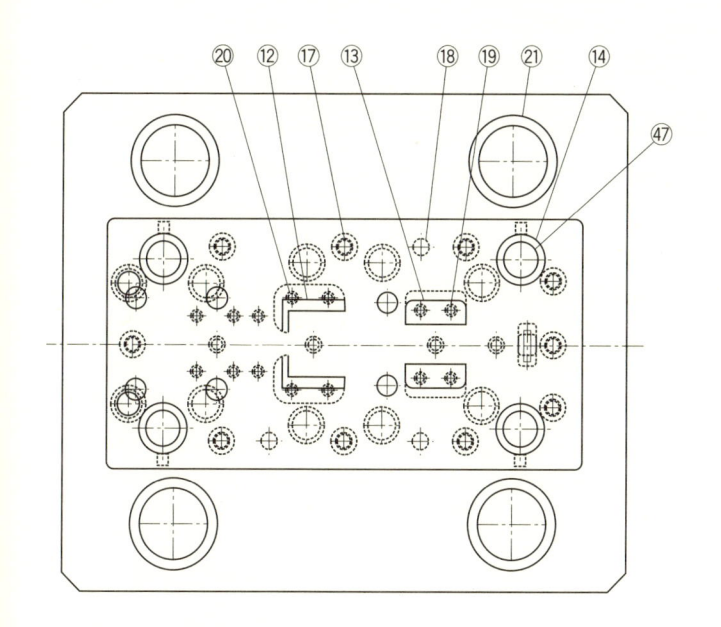

構造上の主な特徴は次のとおりです。

① プレート構成は主要なパンチホルダ、パンチプレート、ストリッパプレート、ダイプレートおよびダイホルダの5枚の上下に1枚ずつバッキングプレートを付けてあります。

② プレートの寸法

　プレートは幅が125mm、長さが250mmの標準数であり、この寸法の標準プレートが市販されています。厚さもそれぞれ標準プレートに合わせてあります。

③ 抜き部および曲げ部のダイは、抜き部を再研削したときに高さ調整が必要なため、取り外しが可能なダイブロック（部品番号22、23、24、25）に分割してあります。

④ 製品の取り出し

　切り離した製品を取り出すため、ダイに勾配を付け滑らせます。

⑤ ガイドポストはアウターおよびインナー（ストリッパガイド用）の2重構造にしてあります。

⑥ 材料のガイドは、側面のガイドと材料を持ち上げるためのリフタを兼ねたガイドリフタを使ってあります。これは標準部品をそのまま利用しています。

7 代表的な部品図

① ストリッパプレート

図8.9にストリッパプレートを示します。全体は一体構造で異形穴の加工はワイヤ放電加工を前提にしています。各寸法の基準は左下の2直角面とし、すべての寸法、および位置はここからの距離で示します。（Y方向に反転のため）これは他のホルダを除く5枚のプレートは、すべて同じです。

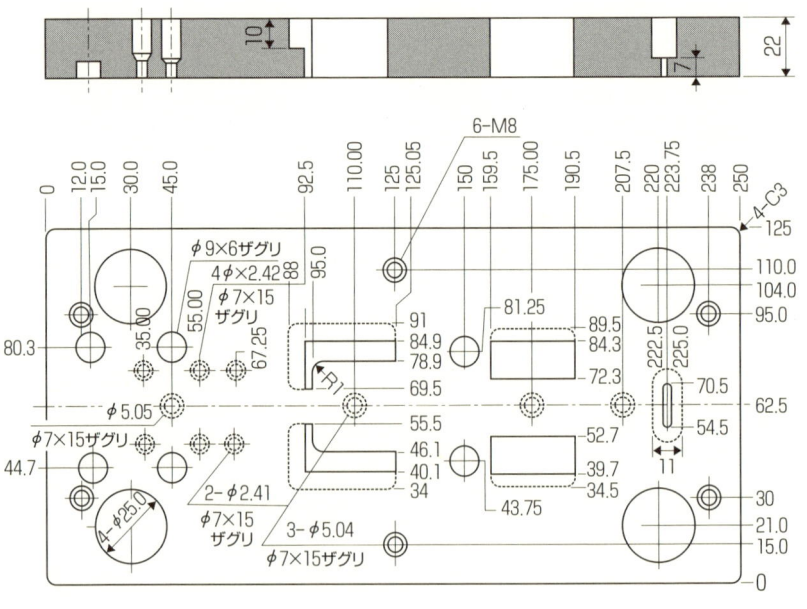

図8.9　ストリッパプレート

② ダイプレート

　ダイプレートはダイブロック（入れ子）が多く組み込まれるので、それらを入れるためのポケット穴を明けておきます（**図8.10**）。

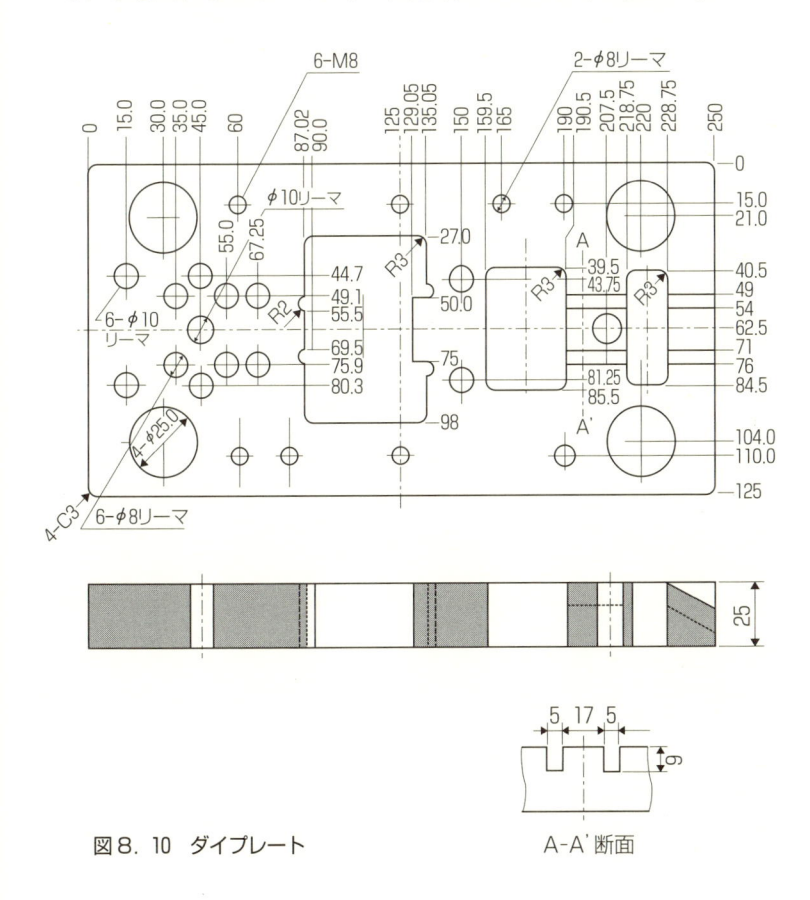

図8.10　ダイプレート

A-A'断面

③ カットオフパンチ

　このパンチは刃先が細いので、元の部分は段差を付けて厚くしてあります。加工方法は、成形研削盤で加工することを前提にして、形状を決めてあります（**図8.11**）。

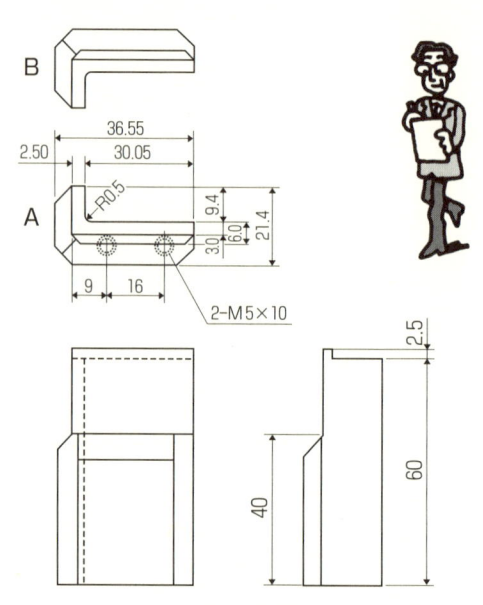

図8.11　カットオフ・パンチ（部番12）A、Bは対象に各1個

8 部品表

　表8.1に部品表を示しますが、後から追加ができるように、下から上へ番号を付けていきます。内容は部品番号（部番）、部品の名称（品名）、個数（同じ部品の必要数）、材質を記入し、備考欄に必要なデータなどを記入します。順序は特に規定はありませんが、プレート類、小物ブロック状部品、丸もの部品、の順にまとめ、順送り型の場合は、製品を加工する工程順に並べます。

　標準品は、備考欄に寸法などを記入すればそれで手配ができるため、図面は作成しません。部品表は組立図の中に記入する方法もありますが、手配その他の事務処理がCADの設計業務と異なるため、部品表のみを別に作成するのが一般的です。

部番	品名	個数	材質	備考
26	ダイガイドブシュ	4		
25	分断ダイブロック	2	SKD11	
24	曲げダイ	1	SKD11	
23	ダイブロック	1	SKD11	
22	ダイブロック	2	SKD11	
21	ガイドブシュ	4		JIS B 5013による
20	六角穴付きボルト	4		M5×45
19	六角穴付きボルト	4		M5×45
18	ダウエルピン	2		標準品 φ8×40
17	ストリッパボルト	6		標準品
16	六角穴付きボルト	1		M5×45
15	六角穴付きボルト	6		M8×45
14	ストリッパ用ガイドブシュ	4		
13	曲げパンチ	2	SKD11	
12	カットオフ・パンチ	2	SKD11	
11	分断パンチ	1	SKD11	
10	パイロットパンチ	3	SKD11	
9	パイロットパンチ	2	SKH-9	日本金属プレス工業協会 Mシリーズ
8	丸パンチ	4	SKH-9	日本金属プレス工業協会 Mシリーズ
7	ダイホルダ	1	SS41	
6	バッキングプレート	1	SK4	
5	ダイ	1		材質 プレハードン鋼
4	ストリッパプレート	1	SKS3	
3	パンチプレート	1	S35C	
2	バッキングプレート	1	SK4	
1	パンチホルダ	1	SS41	

部番	品名	個数	材質	備考
51				
50	穴明けパンチ	1	SKD11	日本金属プレス工業協会 Mシリーズ
49	セットスクリュー	8		M18×P1
48	ばね	8		
47	ストリッパガイドポスト	4		
46	ダウエルピン	2		φ8×40
45	ガイドポスト	4		JIS B 5013による
44	リフタ	4	SKS3	
43	ばね	4		
42	セットスクリュー	4		
41	リフタ	2	SKS3	
40	ばね	2		
39	セットスクリュー	2		M10×P1
38	ダイボタン	4	SKD11	
37	セットスクリュー	6		M14×P1
36	ばね	6		
35	ストックガイドピン	6		標準品
34	六角穴付きボルト	6		M8×50
33	六角穴付きボルト	2		M5×45
32	セットスクリュー	4		M6
31	セットスクリュー	4		M8×P1
30	ばね	4		
29	リフタピン	4	SK4	
28	六角穴付きボルト	2		M6×50
27	六角穴付きボルト	4		M5×50

表8.1 部品表（あとから追加できるよう下から上へ番号を付けていく）

第9章

金型用材料

1 材料の選択

　金型に用いられる材料は、次のような目的に応じて使い分けされています。

① 耐摩耗性
　　金型の部品は、それぞれの機能を持っており、その中で特に重要なのが耐摩耗性であり、初期の精度を保ちながら、多量生産に耐えられる必要があります。特に製品を加工する部分は耐摩耗性が要求され、保守整備の間隔（寿命）、および1つの金型で生産できる総生産数（総寿命）などがこれによって決まります。
② 金型部品に必要な機械的性質
　　金型部品は大きな荷重を受けます。荷重の種類は圧縮、引張り、曲げなどであり、これらに耐えられないと変形したり破損をします。必要な機械的性質としては、この他に硬さ、靱性（衝撃に対する強さ）などがあります。プレス金型および鍛造型などのダイは、材料に当たって加工をする瞬間、大きな衝撃を受けるので特に靱性が必要です。鋼を焼入れした後に焼戻しをするのは、硬さが少し下がっても靱性を高くするためです。
③ 熱処理性
　　焼入れおよび焼戻しを行う材料は、焼入れ性が良いことが必要です。内容としては次の事項があります。

○表面から中心部まで均一に安定した焼入れができること
○焼入れによる材料の伸縮および歪みの少ないこと
○金型として使用中に寸法の変化、反りなどの歪みの発生その他がないこと
○焼割れ（冷却するときの割れ）などの不具合のないこと

④ 機械加工性

　切削加工をする場合の切削性（被削性）、研削加工をするときの研削性などです。切削加工では切削抵抗、刃先の摩耗、発熱と焼付き、切削面の面粗さなどがあります。研削加工では抵抗、砥石の摩耗および目詰まり、焼付き、熱による変形、加工面の面粗さなどがあります。

　放電加工の場合は、通電性（電気が流れないと放電ができない）が必要ですが、硬さなどの機械的性質は特に問題になりません。

⑤ 価格

　材料の特性ではありませんが、価格は重要な要素です。一般に金型用の材料は一般の鋼材などに比べて高価であり、機能（特性）と価格のバランスで選定をしています。

⑥ 入手の容易さ

　金型は短納期で作ることを求められており、しかも大部分の金型部品は在庫ができないので、発注後の納期が短いこと、形状および大きさなどの種類が、豊富なことなどが必要です。また、材料を購入する業者も1社のみでない方が調達が容易です。

2　金型材料の種類、特徴および用途

金型に用いられる主な材料の種類、用途は次のとおりです。

① 一般構造用圧延鋼材（SS400）

　一般に普通鋼、生材（なまざい）などとも呼ばれ、熱処理をせず主として、パンチホルダおよびダイホルダに用いられます。

② 機械構造用炭素鋼鋼材（S10C～S58C）

　一般構造用圧延鋼材に比べ、炭素含有量が多いので強度が高く、熱処理も可能ですが、金型ではほとんど行われません。主として金型に使われるのはS35C～S55Cであり、パンチホルダ、ダイホルダなどの他、中・少量生産用のパンチプレート、ストリッパ、材料のガイド

プレートなどに使われます。

③ 炭素工具鋼鋼材（SK1～SK5）

　　炭素の含有量によって種類が分かれており、炭素含有量が少ないほど番号が大きくなります。金型にはSK3、およびSK5がよく使われています。焼入れが可能ですが、耐摩耗性が低く、熱処理による変形も大きく、不安定なので、高精度を必要とする金型には熱処理をしないで使用されています。

④ プリハードンド鋼鋼材

　　硬度が37HRC以上ありますが、切削性がよく、切削面も良好で、焼入れをしないでもある程度の耐摩耗性が得られるため、多くの部品に広く用いられています。成分、硬度、耐摩耗性、切削性などは各材料メーカーが特色のある材料を作っており、ユーザーは目的に合わせて使い分けています。調質されているので、使用する場合に熱処理はしません。プリハードンド鋼はプラスチック成形型に多く使われており、キャビティ、コア、スライドガイドレールその他ブロック状部品にも広く使われています。プレス金型では少量生産用のパンチおよびダイの他、パンチプレート、ストリッパなどに使われています。

⑤ 合金工具鋼鋼材

〇特殊工具鋼（SKS3、SKS93）

　　熱処理性が良い、耐摩耗性が比較的良い、切削性が良い、入手が容易などで、プレス金型用のパンチ、ダイの他、焼き入れをする部品にSKS3が広く使われています。

〇ダイス鋼（SKD11）

　　SKD11はSKS3に比べさらに耐摩耗性が高く、焼き入れをした後の冷却に油や水ではなく、空気中で冷やす空冷が可能であり、熱処理および熱処理後の変形が少ない優れた特徴があります。金型用材料として優れており、耐摩耗性を必要とする大部分の部品に使われています。特にワイヤ放電加工機で加工をする場合、加工後の歪みと寸法変化が少ないので広く使われています。

⑥ 高速度工具鋼鋼材（SKH51）

　　高速度工具鋼は昔からハイスの名で広く知られており、切削用の刃物としての実績が多くあります。耐摩耗性、靱性および耐熱性に優れ、これらの性質を特に必要とする細いパンチ、コアピンおよびエジェク

タピンなどに使われています。材料を細かな粉末にし、これを圧縮して焼き固めた粉末ハイスと呼ばれる材料は、さらに優れた性質を持っています。

⑦　超硬合金（WC-Co）

　　硬いタングステン（WC）の粉末にコバルト（Co）を混ぜて圧縮成形し、焼き固めた超硬合金は金型材料の中では最も耐摩耗性が高く、研削および放電加工などでの加工も容易であり、特に耐摩耗性を必要とする部品に使われています。Coの含有量が多くなると耐摩耗性は低くなりますが、靱性は高くなります。

　　①から⑦までの材料は、後になるほど金型としての特性は良くなりますが、価格もそれに比例して高くなります。

⑧　アルミニューム合金（ジュラルミン）

　　軽量化と切削加工の高速化のために、強度をあまり必要としないホルダなどに使われています。

⑨　鋳鉄、鋳鋼

　　自動車のボディのプレス加工用金型は、本体を鋳造でつくり、これを切削加工で3次元の形状に仕上げ、付属の部品を付けて完成させます。

3　熱処理と表面硬化処理

3.1 焼入れ、焼戻し

金型の重要な部分に使う部品の多くは耐摩耗性を必要とするため、焼入れおよび焼戻しをして使用します。焼入れおよび焼戻しを行う炉には、電気炉、塩浴炉（ソルトバス）、真空炉などがあります。

焼入れの温度は鋼の種類によって異なりますが高温に加熱し、その後急冷します。しかし、そのままでは脆いので、必ずその後にやや低い温度で焼き戻しをします。

　SKD11の場合の焼入れ温度は1,000〜1,050℃、焼戻し温度は150〜200℃(低温焼き戻し)、または400℃(高温焼き戻し)です。さらに−40℃またはそれ以下に冷やすサブゼロを行うと、一層優れた性質を発揮できます。

　プレートの他、ブロック状小物部品などの熱処理は、部品全体を炉の中に入れて行いますが、大きな鋳鋼の金型、および表面の一部分だけを焼入れする場合はバーナーなどで表面を加熱し、水をかけて焼入れをする方法があります。

　中小の金型工場では、社内で熱処理をせず、専門の業者に依頼する場合が多く、鋼材を販売する業者の多くが熱処理を引き受けています。このため金型製作に重要な熱処理ですが、熱処理の設備を持たない企業が多くあります。

3.2 表面硬化処理

　熱処理をした特殊鋼、および超硬合金熱はそれ自身が硬く、耐摩耗性に優れていますが、過酷な加工を強いられ、しかも多量生産をする金型はさらに寿命を伸ばすために、表面硬化処理が行われます。表面硬化法としては窒化処理の他、高温の炉中で超硬質化学物をコーティングするCVD(Chemical Vapor Deposition)と呼ばれる方法、比較的低い温度で行うPVD(Physical Vapor Deposition)と呼ばれる方法などがあります。

　表面の硬化層は非常に薄いので、大きな圧力を受けるとその奥から剥離して摩耗をしてしまいます。このため、素材の材質および熱処理が重要であることは変わりません。また、プレス用絞り型およびモールドでは硬質クロームなどのメッキをし、耐摩耗性を高める方法も広く行われています。メッキは剥離しやすいので、あまり過酷な加工をする部分には使用できません。

参考文献

(1) 金型便覧編集委員会編,金型便覧,丸善

(2) 太田　哲；プレス型構造とその設計,日刊工業新聞社

(3) 廣恵章利／本吉正信；プラスチック成形加工入門,日刊工業新聞社

(4) 山崎好知；手仕上げ作業,日刊工業新聞社

(5) 吉田弘美；プレス金型の標準化,日刊工業新聞社

(6) 吉田弘美；金型加工技術,日刊工業新聞社

(7) 吉田弘美；金型のCAD／CAM,日刊工業新聞社

(8) 吉田弘美／山口文雄；プレス加工のトラブル対策,日刊工業新聞社

(9) 吉田弘美／山口文雄；金型設計基準マニュアル,新技術開発センター

(10) 吉田弘美；プレス金型製作法,日本金属プレス出版会

(11) 吉田弘美；初級金型設計教室,雑誌プレススクール第89,91,93号

(12) 日本金型部品工業会；日本金型部品工業界規格

索 引

あ

後始末 …………………………………153
穴明け加工 ……………………………100
粗みがき ………………………………128
アレンジ図 …………………… 66・160
異形部品 ………………………………93
入れ子 …………………………………142
上型（うわかた） ……………………78
NCデータ ……………………………88
NCフライス盤 ………………………104
MIM ……………………………………25
大物異形部品 …………………………116
温間鍛造 ………………………………20

か

ガイドポスト …………………………141
加工データ ……………………………88
加工費 …………………………………15
型鍛造 …………………………………20
形彫り放電加工機 ……………………108
カットオフパンチ ……………………167
金型製図 ………………………………63
金型設計 ………………………………54
金型設計者 ……………………………156
金型の機能 …………………… 27・82
金型の仕様 …………………… 28・57
金型の評価 ……………………………152
金型用材料 ……………………………173
ガラス型 ………………………………24
ガラス製品 ……………………………39
ガラス用金型 …………………………37
玩具 ……………………………………40
簡略図法 ………………………………75

機械加工 ……………………… 30・120
機械加工性 ……………………………173
企業分業化 ……………………………94
基準の設定 ……………………………63
基本作業 ………………………………138
CAD ……………………………………58
CAD／CAM …………………………58
鏡面 ……………………………………128
切り屑 …………………………………98
金属射出成形型 ………………………25
金属の機能 ……………………………27
金属の仕様 ……………………………28
金属プレス型 …………………………18
組込工程 ………………………………140
組立て ………………………… 30・120
組立図 ………………………… 73・163
組立台 …………………………………131
組付け工具 ……………………………134
形状加工 ………………………………100
研削加工 ……………………… 30・105
航空機 …………………………………41
工具の持ち方 …………………………136
公差 ……………………………………66
購入手配書 ……………………………90
ゴム型 …………………………………52
ゴム成形型 ……………………………25
ゴム用金型 ……………………………37

さ

材料手配書 ……………………………90
作業台 …………………………………130
作業標準書 ……………………………153
仕上げ ………………………… 30・120

INDEX

た
ダイ	18・81
ダイカスト	51
ダイカスト型	24
ダイプレート	167
ダイホルダ	81
耐摩耗性	13・172
タップ立て	125
多能工	16・121
試し加工	16・31・146
単工	44
鍛造型	20・36
断面図	78
チップ	98
鋳造型	36
厨房機器	39
突切り型	21
釣り上げ	132
デーダベース	61
手仕上げ	124
鉄道車両	41
展開計算	69
展開図	161
電気・電子機器部品	37
特殊工具	12
トライ	16・31・146
トランスファ加工	46

な
倣いフライス盤	104
抜き型	21
抜き方向	158
熱間鍛造	20

仕上加工	135
ジグ研削盤	107
ジグ中ぐり盤	104
システム化	61
下型（したかた）	78
自転車	41
自動車	34
事務用品	40
シャコ万	134
射出成形	50
自由鍛造	20
修理用工具	135
順送り加工	47
順送り型	157
仕様書	28・56
省略図法	75
ストリッパプレート	166
ストリップレイアウト	162
ストリップレイアウト図	70
寸法記入	63・77
寸法の許容限界	77
成形研削盤	106
生産指示書	29
製品図面	29
製品の品質	57
精密機器	38
精密切削加工部品	38
設計手順	61
切削加工	30・98
洗浄	126
旋盤	104
専用機用金型	21
測定工具	135

熱処理 …………………………175	平行台 …………………………134
熱処理性 ………………………172	平面研削盤 ……………………105
ねらい寸法 ……………………66	ボール盤 ………………………105
ねらい値 ………………………66	

は

パイロット穴 …………………159	マシニングセンタ ……………98
刃物 ……………………………100	丸もの部品 ……………93・115
バリ取り ………………………125	みがき …………………………126
バリ方向 ………………………158	面取り …………………76・118・124
板金機械用金型 ………………21	面取り工具 ……………………104
パンチ …………………81・142	モールド ………………18・22
パンチホルダ …………………81	

や

汎用フライス盤 ………………105	焼入れ …………………172・175
ブシュ …………………………141	焼戻し …………………172・175
標準部品 ………………87・94	やすり作業 ……………………125
標準プレート …………………94	ユニット部品 …………………96
表面硬化処理 …………………176	横万力 …………………………133
品質の確認 ……………123・151	

ら

拭き取り ………………………126	リーマ作業 ……………………126
不具合 …………………………154	レイアウト図 …………………70
部品表 …………………89・168	冷間鍛造 ………………………20
プラスチック金型製作作業 …121	冷間鍛造加工用材料 …………49
プラスチック成形型 …36・38	ロボットライン ………………45

プラスチック用圧縮成形型 …24	

わ

プラスチック用射出成形型 …22	ワイヤカット放電加工機 ……109
プレート ………92・110・142	
プレス加工 ……………18・44	
プレス金型 ……………35・37	
プレス金型製作作業 …………121	
プレス用ロボット ……………45	
ブロック状部品 ………………113	
粉末成形型 ……………………25	
粉末冶金型 ……………………25	
平行クランプ …………………134	

著者略歴

吉田 弘美
（よしだ ひろみ）

1939年	東京都に生まれる
1959年4月～75年3月	松原工業株式会社勤務
1966年	工学院大学機械工学科（2部）卒業
1975年6月～79年8月	株式会社アマダ勤務
1979年8月	吉田技術士研究所 技術コンサルタントに従事

著　書		
	プレス金型の標準化	（日刊工業新聞社）
	金型のCAD／CAM	（日刊工業新聞社）
	金型加工技術	（日刊工業新聞社）
	プレス加工のトラブル対策　（共著）	（日刊工業新聞社）
	プレス金型設計・製作のトラブル対策（共著）	（日刊工業新聞社）
	プレス金型製作法	（日本金属プレス出版会）
	プレス加工技能検定	（日本金属プレス出版会）

よくわかる
金型のできるまで　　　　　　　　　NDC 566

2004年6月20日　初版1刷発行　　　定価はカバーに表示してあります。
2007年8月15日　初版8刷発行

　　　© 著　者　　吉　田　弘　美
　　　　発行者　　千　野　俊　猛
　　　　発行所　　日　刊　工　業　新　聞　社
　　　　　　　　　東京都中央区日本橋小網町14-1
　　　　　　　　　　　　　　　（郵便番号　103-8548）
　　　電　話　　書籍編集部　03(5644)7490
　　　　　　　　販売・管理部　03(5644)7410
　　　ＦＡＸ　　03(5644)7400
　　　振替口座　00190-2-186076
　　　ＵＲＬ　　http://www.nikkan.co.jp/pub
　　　e-mail　　info@tky.nikkan.co.jp

　　　製　作　　志岐デザイン事務所
　　　印刷／製本　　新日本印刷株式会社

落丁・乱丁本はお取替えいたします。
2004 Printed in Japan
　　　　　　　　ISBN 4-526-05314-7　C3035
Ⓡ〈日本複写権センター委託出版物〉
本書の無断複写は、著作権法上での例外を除き、禁じられています。本書からの複写は、
日本複写権センター（03-3401-2382）の許諾を得てください。